Photoshop CS6 图像处理项目任务教程
编委会

主　　编　刘耀庚

副主编　郑　英　赵　彪

参　　编　朱志辉　王祥友　陈启浓

　　　　　　邓丽强　曾　尧

Photoshop CS6
图像处理项目任务教程

刘耀庚　主编

暨南大学出版社
JINAN UNIVERSITY PRESS

中国·广州

图书在版编目（CIP）数据

Photoshop CS6 图像处理项目任务教程/刘耀庚主编 . —广州：暨南大学出版社，2015.7
ISBN 978 - 7 - 5668 - 1420 - 3

Ⅰ. ①P…　　Ⅱ. ①刘…　　Ⅲ. ①图像处理软件—中等专业学校—教材　　Ⅳ. ①TP391. 41

中国版本图书馆 CIP 数据核字（2015）第 098002 号

出版发行：暨南大学出版社

地　　址：中国广州暨南大学
电　　话：总编室（8620）85221601
　　　　　营销部（8620）85225284　85228291　85228292（邮购）
传　　真：（8620）85221583（办公室）　85223774（营销部）
邮　　编：510630
网　　址：http：//www. jnupress. com　http：//press. jnu. edu. cn

排　　版：广州市天河星辰文化发展部照排中心
印　　刷：广东广州日报传媒股份有限公司印务分公司

开　　本：787mm×1092mm　1/16
印　　张：17.5
字　　数：434 千
版　　次：2015 年 7 月第 1 版
印　　次：2015 年 7 月第 1 次

定　　价：39.80 元

前　言

　　Photoshop 是 Adobe 公司出品的计算机图像处理软件，在平面设计、网页设计、三维设计、数码照片处理等诸多领域都深受设计者的喜爱。Photoshop 凭借强大的图像处理功能，使设计者能够按照自己的意图进行自由创作或图像编辑。可以说，它为广大设计者提供了一个非常好的创作平台。

　　为适应职业技术学校技能型紧缺人才培养的需要，本书根据职业教育计算机课程改革的要求，从计算机平面设计技能培训的实际出发，结合当前平面设计和图像处理的最新版软件 Adobe Photoshop CS6 讲授图像处理的相关知识；同时，本书更新设计理念，遵循"项目驱动，任务实施"的教学设计理念，结合传统教学方式，通过项目分解产生任务，使读者在每个具体任务的实施过程中掌握基础知识与实用操作技巧，融"教、学、做"为一体，学以致用，学有所成。本书注重培养学生的学习能力、实践能力，着力培养学生的创新性思维和创新能力。

　　本书的经典案例均来自具体工程案例和生活实践，不仅符合职业技术学校学生的理解能力和接受程度，同时能使学生更早地接触实际工程的工作流程和操作要求，很好地培养学生参与实际工程项目设计的能力。

　　为了使广大学生能够尽快掌握 Photoshop CS6 的使用方法，本书以通俗的语言、大量的插图和实例进行讲解，案例丰富，讲解清楚。本书由刘耀庚担任主编，郑英和佛山市大湖文化传播有限公司的赵彪担任副主编。

　　由于编者水平有限，书中难免有错误和不妥之处，恳请广大读者批评指正。

编　者

2015 年 4 月

目　录

项目一 Photoshop CS6 初探

 项目描述

Photoshop 是 Adobe 公司出品的计算机图像处理软件，在平面设计、网页设计、三维设计、数码照片处理等诸多领域都有广泛应用。本项目引领读者全面了解 Photoshop 发展概况、Photoshop 基本概念、图像处理相关基础知识及相关理论。

 任务目标

◆ 掌握图像大小、像素、分辨率三者之间的关系
◆ 掌握 RGB 三基色和 CMYK 色彩模式构成原理
◆ 能区别位图与矢量图

任务 1 Photoshop 简述

在众多图像处理软件中，Adobe 公司推出的专门用于图形图像处理的软件 Photoshop，以其功能强大、集成度高、适用面广和操作简便而著称于世。它凭借强大的绘图工具，不仅可以绘制艺术图形，还能从扫描仪、数码相机等设备中采集图像，对它们进行修改、修复，调整图像的色彩、亮度，改变图像的大小，还可以对多幅图像进行合并并增加特殊效果。

Photoshop 被称为"思想的照相机"，是目前最流行的图像设计和制作工具，它不仅能够真实地反映现实世界，而且能够创造出虚幻的景物。Photoshop 最令人称道的地方就是其可以创建成百上千种特效文字、几十种纹理效果，它是可以与艺术家的创作灵感相匹配的最优秀的创作工具，它能轻松地带你进入无与伦比的、崭新的图形图像艺术空间，从而激发你的创作灵感和创作欲望。学会并灵活运用 Photoshop，每个人都可能成为图形图像方面的专家，由此使创作的作品达到专业水平。

Photoshop 具有超强的图像处理功能，它可以使平面的物体产生透视的效果，能让静止的汽车产生飞驰的动感，能让平静的水面出现涟漪，它的无所不能的选择工具、图层工具、滤镜工具能使用户得到各种手工处理手段或其他软件无法实现的美妙图像效果。

Photoshop 作为专业的图像编辑工具，还可以提高用户的工作效率，让用户尝试新的创作方式，以及制作适用于打印、网页图片和其他任何用途的最佳品质的图像。

任务 2　认识 Photoshop 基本概念

Photoshop 的图像是基本位图格式的，而位图图像的基本单位是像素，因此在创建位图图像时必须为其指定分辨率的大小。图像的像素和分辨率均能体现图像的清晰程度。

1. 像素

像素由英文单词 pixel 翻译而来，它是构成图像的最小单位，是位图中的一个小方格。如果将一幅位图看成是由多个点构成的话，那么一个点就是一个像素。同样大小的一幅图像，像素越多，图像就越清晰，效果也就越逼真。

2. 分辨率

分辨率是指单位长度上的像素数目。单位长度上像素越多，分辨率就越高，图像就越清晰，所需的存储空间也就越大。分辨率可分为图像分辨率、打印分辨率和屏幕分辨率等。

（1）图像分辨率：图像分辨率用于确定图像的像素数目，其单位有"像素/英寸"和"像素/厘米"。例如一幅图像的分辨率为 500 像素/英寸，就表示该图像中每英寸包含 500 个像素点。

（2）打印分辨率：打印分辨率又叫输出分辨率，是指绘图仪、激光打印机等输出设备在输出图像时每英寸所产生的墨点数。如果使用与打印机输出分辨率成正比的图像分辨率，就能产生较好的图像输出效果。

（3）屏幕分辨率：屏幕分辨率是指显示器上每单位长度显示的像素或点的数目，单位是"点/英寸"。如 80 点/英寸表示显示器上每英寸包含 80 个点。屏幕分辨率的数值越大，图像显示就越清晰，普通显示器的典型分辨率约为 96 点/英寸。

任务 3　认识色彩理论

一、色彩形成原理

1666 年，牛顿以三棱镜分解太阳光，发现看似无色的光线经过三棱镜时，会依其波长和折射关系，依序分为红、橙、黄、绿、蓝、靛、紫七色光。光的本质是电磁波，可见光的波长范围为 380nm～780nm。色彩是人类视觉对可见光的感知结果，在可见光谱内不同波长的光会引起不同的颜色感觉。

二、常用的色彩模式

常用的色彩模式有 RGB 模式、CMYK 模式、HSB 模式、Lab 模式、灰度模式、索引模式、位图模式和多通道模式等。色彩模式除了能够确定图像中能显示的颜色数之外，还影响图像通道数和文件的大小，每个图像具有一个或多个通道，每个通道存放着图像中颜色元素的信息。常用的色彩模式介绍如下：

1. RGB 模式

也称三基色，属于自然色彩模式。这种模式是以 R（Red：红）、G（Green：绿）、B（Blue：蓝）三种基本色为基础，进行不同程度的叠加，从而产生丰富的颜色，所以又叫加色模式。RGB 模式大约可反映出 1 680 万种颜色，是应用最为广泛的色彩模式。各参数取值范围为：R：0～255，G：0～255，B：0～255。

2. CMYK 模式

也称印刷四分色，亦属于自然色彩模式。该模式是以 C（Cyan：品蓝）、M（Magenta：品红）、Y（Yellow：品黄）、K（Black：黑色，为区别于 Blue：蓝色，所以用 K 表示）为基本色。它表现的是白光照射到物体上，经物体吸收一部分颜色后，反射而产生的色彩，因此又叫减色模式。CMYK 色彩模式被广泛应用于印刷、制版行业。各参数取值范围为：C：0～100%，M：0～100%，Y：0～100%，K：0～100%。

3. HSB 模式

该模式将色彩分为 H（Hue：色调）、S（Saturation：饱和度）和 B（Brightness：亮度）三个要素。色调是指光经过折射或反射后产生的单色光谱，即纯色，它组成了可见光谱，并用 360°的色轮来表现。饱和度用于描述色彩的浓淡程度，各种颜色的最高饱和度为该颜色的纯色，最低饱和度为灰色，灰色、白色、黑色没有饱和度。亮度用于描述色彩的明亮程度。各参数取值范围为：H：0～360°，S：0～100%，B：0～100%。

4. Lab 模式

该模式是国际照明委员会（CIE）为了使颜色衡量标准化而公布的一种理论性色彩模式，与设备无关。它是 Photoshop 进行色彩模式转换过程中的过渡性色彩模式。

5. 灰度模式

灰度模式是用 0～255 共 256 级灰度值来表示图像中像素颜色的一种色彩模式，也是一种能让彩色模式转换为位图和双调图的过渡模式。彩色模式转换为灰度模式后，彩色将丢失，且不可恢复。

6. 索引模式

索引模式只能用于创建或编辑 256 种颜色以内的图像文件。这种模式下的图像的质量不是很高，但是所需磁盘空间较小，可用于多媒体动画或网页主页图像制作。

7. 双色调模式

由灰度模式发展而来，是指用一种灰色油墨或彩色油墨来打印一幅灰度图像。使用这种模式是因为一般工业上的标准是以 CMYK 模式来印刷彩色出版物的。

任务4　认识位图与矢量图

一、位图

位图图像也称为点阵图像或绘制图像，由被称作像素（图片元素）的单个点组成，其中每个像素的颜色、亮度和属性是用一组二进制像素值来表示的。这些点可以进行不同的排列和染色以构成图像。当放大位图时，可以清晰地看见构成整个图像的无数个方块，如图1.4.1所示。扩大位图尺寸的效果是增多单个像素，从而使线条和形状显得参差不齐。然而，如果从稍远的位置观看它，位图图像的颜色和形状又是连续的。由于每一个像素都是单独染色的，可以通过以每次一个像素的频率操作选择区域而产生近似相片的逼真效果，诸如加深阴影和加重颜色。缩小位图尺寸也会使原图变形，因为此举是通过减少像素来使整个图像变小的。同样，

图1.4.1

由于位图图像是以排列的像素集合体形式创建的，所以不能单独操作局部位图；位图的所有像素构成一个二维矩阵，矩阵中的每个元素（像素）与显示器上的点一一对应。因此，显示器上的图像被称为位图映射图像，简称位图图像。像素值通常又称为图像数据。位图文件，就是按照一定的结构编排的图像数据集合。

位图具有以下特点：

（1）占据的存储空间较大。

（2）不宜进行空间上的变换和修改。

（3）适合表现比较细致、层次和色彩比较丰富、包含大量细节的图像。

二、矢量图

矢量图是用一系列计算机指令集合的形式来描述或处理一幅图的，描述的对象包括一幅图中所包含的各图元的位置、颜色、大小、形状、轮廓、曲面、光照、阴影、材质等。图元基本由各种直线、曲线、面以及色彩构成。矢量图能够表现清晰的轮廓，常用于制作一些标志图形，矢量图的质量不受分辨率高低的影响，一般在 Flash、Illustrator、Corel-DRAW 等制图软件中出现。

矢量图具有以下特点：

（1）矢量图将每个图元作为单独的个体处理，很容易进行目标图元的移动、旋转、缩小、放大、复制、调整颜色、改变属性等操作。适用于创建单个对象的图例和几何造型，还可用于建立构图的模块。

（2）矢量图是计算生成的，因此显示精度高，操作的灵活性大，任意放大、缩小都不会变形。可用来设计线框形图案、商标、标志等，尤其适合创建用数学运算表示的美术作品。计算生成的可控性，也使矢量图在网络、工程计算中被大量应用。

任务5 认识图像文件格式

在计算机中，图像文件有很多存储格式，不同的文件格式代表不同的图像信息，一些文件格式仅能包含矢量图或仅能包含位图图像，但是有许多格式可以把这两种信息包含在同一文件中，用于专业的图像处理软件或兼容于各种软件。

对于同一幅图像，有的文件小，有的文件则非常大，这是因为文件的压缩形式不同。

小文件可能会损失很多的图像信息，因而所占用的存储空间小；而大的文件则会更好地保持图像质量。总之，不同的文件格式有不同的特点，只有熟练掌握各种文件格式的特点，才能扬长避短，提高图像处理的效率。

在处理图像的过程中，用户经常需要打开各种文件格式的素材图像文件或将文件以不同的文件格式进行存储，这时就需要选择所需的图像文件格式。

Photoshop 中常用的文件格式介绍如下：

1. PSD 格式

Photoshop 的专用文件格式，也是唯一可以存储所有 Photoshop 特有的文件信息以及所有彩色模式的格式。如果文件需要保留图层或通道信息时，就必须以 PSD 格式存档。PSD 格式可以将不同的对象以图层分离储存，便于修改和制作各种特效。

2. JPG 格式

一种高效的压缩图像文件格式。在存档时能够将人眼无法分辨的资料删除，以节省储存空间，但这些被删除的资料无法在解压时还原，所以 JPG 文件并不适合放大观看，而且将其输出成印刷品时其品质也会受到影响。因此，这种类型的压缩也被称为"失真压缩"或"破坏性压缩"。

3. BMP 格式

Windows 操作系统下专用的图像格式，可以支持 1bit、4bit、8bit 和 24bit 的格式，并且可以选择 Windows 或 OS/2 两种格式。

4. GIF 格式

是 CompuServe 公司制定的一种图形交换格式，这种经过压缩的格式可以使图形文件在通信传输时较为经济。它所使用的 LZW 压缩方式（一种无损压缩方法），可以将文件的大小压缩到一半，而且解压时间不会太长。现今的 GIF 格式只能达到 256 色，但其 GIF89a 格式能存储为背景透明化的形式，并且可以将数张图存成一个文件，形成动画效果。

5. EPS 格式

一种应用非常广泛的 PostScript 格式，常用于绘图或排版软件。用 EPS 格式存储时可通过对话框设置存储的各项参数。

6. Scitex CT 格式

一种图像处理及印刷系统格式，可用来记录 RGB、CMYK 及灰度模式下的连续层次。在 Photoshop 软件中用 SCT 格式建立的文件可以和 Scitex 系统相互交换。

7. TIFF 格式

一种应用非常广泛的格式，可以在多种不同的平台和应用软件间交换信息，同时它也可以使用 LZW 进行压缩。在 Photoshop 中以 TIFF 格式存储时，可以选择 PC 或 Mac 格式，以及是否进行 LZW 压缩。

8. RAW 格式

一种最原始的文件格式。其结构是将所有的像素依次记录，因此所占的空间较大。RAW 格式在各种电脑之间进行文件交换时具有较好的弹性。以 RAW 格式存储时，可以定义文件头（Header）的参数。Header 就是在文件开端所保留的参数，在开启文件时只要设置正确的 Header 参数即可开启。

项目二 Photoshop CS6 基本操作

 项目描述

　　本项目引领读者深入了解 Photoshop CS6 的界面及界面中各元素的用途和基本用法；了解图像的显示控制、颜色的设置及辅助设计工具的使用，了解控制面板的基本操作。

 任务目标

◆ 熟练掌握图像文件的新建、打开与保存方法
◆ 能灵活设置标尺、参考线和网格的参数
◆ 熟练掌握前景色与背景色的设置

任务 1　Photoshop CS6 启动与退出

一、启动 Photoshop CS6

（1）启动计算机，进入 Windows 界面，单击 Windows 界面左下角的 开始 按钮。
（2）在弹出的开始菜单中，依次选择【所有程序/Adobe Photoshop CS6】命令。
（3）单击鼠标左键后，稍等片刻，计算机将自动启动 Photoshop CS6。
（4）除以上这一方法，也可直接双击桌面的快捷图标运行 Photoshop CS6。

二、退出 Photoshop CS6

（1）确认 Photoshop CS6 已经启动。
（2）单击 Photoshop CS6 界面窗口标题栏右侧的 ✕ 按钮，即可退出 Photoshop CS6。
（3）除以上这一方法，也可双击左上角的图标或单击弹出对话框选择关闭（Alt + F4 键）。

任务 2　认识 Photoshop CS6 桌面环境

一、菜单和命令

当在计算机中安装了 Photoshop CS6 以后，在 Windows 系统的桌面上执行【开始/所有程序/Adobe Photoshop CS6】命令，即可启动 Photoshop CS6，进入 Photoshop CS6 的工作环境。启动该软件后，系统并不会自动打开一个默认的空白文件，而需要用户根据实际工作需要创建或打开文件。单击菜单栏中的【文件/新建】命令，新建一幅图像，这时 Photoshop CS6 的界面如图 2.2.1 所示。

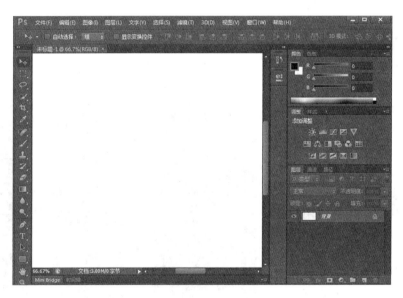

图 2.2.1

Photoshop CS6 的工作界面主要由标题栏、菜单栏、工具选项栏、工具箱、控制面板和状态栏组成。当打开一幅图像后，我们把图像所在的区域称为图像窗口。下面简要介绍工作界面主要构成部分的功能：

1. 菜单栏

Photoshop CS6 在菜单栏的外观上做了很大的改变，采用了新的暗色调用户界面，共有 11 组菜单项，分别为文件、编辑、图像、图层、文字、选择、滤镜、3D、视图、窗口和帮助，这些菜单项的使用完全符合 Windows 标准。下面简要介绍一下各组菜单项的基本作用：

【文件】：菜单中主要集中了一些对文件的操作命令，包括新建、打开、存储、导入、打印等操作。

【编辑】：菜单命令主要对图像进行还原、剪切、复制、清除、填充、描边等操作。

【图像】：菜单命令用于对图像的常规编辑，主要包含对图像的颜色模式、色彩调整及自动调整等。

【图层】：菜单命令用于对图层的控制和编辑，包括对图层的新建、复制和删除，通过单击对应的菜单命令，即可执行相应的操作。

【文字】：文字菜单是 Photoshop CS6 中新增的菜单命令，用于对创建的文字进行调整和编辑，包括文字面板的选项、消除锯齿、文字变形、字体大小预览等。

【选择】：菜单命令用于对选区的控制，可以对选区进行反向、存储和载入等操作。

【滤镜】：菜单命令包含了 Photoshop 中所有的滤镜命令，通过执行滤镜的相关命令，可以给图像添加各种艺术效果。

【3D】：菜单命令中包含了多个对 3D 图像进行操作的命令，可从 3D 文件中新建图层、凸纹、3D 绘图模式等。

【视图】：菜单命令可对图像的视图进行调整，包括缩放视图、屏幕模式、标尺显示、参考线的创建和清除等选项的设置。

【窗口】：菜单命令可对工作区进行调整和设置，在该菜单命令下，可以对 Photoshop 提供的面板进行显示或隐藏。

【帮助】：菜单命令可以帮助用户解决一些疑问，如用户对 Photoshop 中的某个命令或功能不懂时，都可以通过【帮助】命令寻求帮助。

除了菜单栏中的菜单以外，在 Photoshop CS6 中还可以使用快捷菜单进行操作，例如，选择工具箱中的【文字工具】，在图像窗口中单击鼠标右键，即可弹出一个相关的快捷菜单。使用快捷菜单时需要注意一点：当前工具为【修补工具】、【画笔工具】、【渐变工具】、【橡皮擦工具】等绘制或编辑工具时，在图像窗口中单击鼠标右键，不会弹出快捷菜单，而会出现相关的工具选项。例如当前工具为【渐变工具】，这时在图像窗口中单击鼠标右键，将会出现渐变色选项板。

2. 工具箱

Photoshop CS6 的工具箱提供了所有用于图像绘制与编辑的工具，工具箱分四个区域，这些工具又分成了若干组排列在工具箱中，如图 2.2.2 所示。

可以认为 Photoshop 是一位出

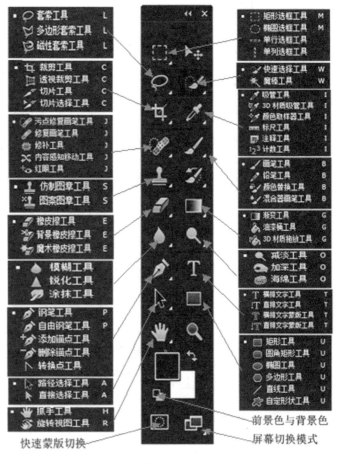

图 2.2.2

色的"画家"，工具箱是这位画家的"百宝箱"。所以，学习 Photoshop 必须对每一个工具都熟练掌握，包括它们的名称、作用和使用方法。Photoshop 的工具箱中大致包括以下几类工具：

选取工具：包括选框工具组、套索工具组和魔棒工具组。

绘制工具：包括画笔工具组、历史画笔工具组和渐变工具组。

编辑工具：包括橡皮擦工具组、图章工具组、模糊/锐化工具组、加深/减淡工具组和修复工具组。

路径工具：包括钢笔工具组、路径选择工具组和形状工具组。

文字工具：只有一个文字工具组。

辅助工具：包括抓手工具组、缩放工具组和注释工具组等。

在 Photoshop 的工具箱中，如果工具按钮的右下角有一个黑箭头，则表示这是一组工具，含有隐藏工具。在这样的工具按钮上单击右下角箭头，可以看到隐藏工具，如图 2.2.3 所示。通常情况下，选择一个工具以后，鼠标光标将变为工具图标或画笔图标状，如果要使光标在图标状与精确十字状之间进行切换，可以反复按 Caps Lock 键。

图 2.2.3

工具箱的使用：

（1）将光标指向工具按钮，稍一停顿就会出现工具的名称与快捷键。

（2）单击所需的工具或者直接按工具的快捷键，可以选择该工具。

（3）如果要选择隐藏工具，则在含有隐藏工具的按钮上按下鼠标左键不放，移动光标直到所需的工具上才释放鼠标，可以选择隐藏工具。

3．工具选项栏

这是 Photoshop 的重要组成部件，在使用任何工具之前，都要在工具选项栏中对其参数进行设置。Photoshop CS6 工具选项栏的最右端是【泊坞】。在默认情况下，泊坞中只有画笔、工具预设和图层复合 3 个标签，实际上任何一个控制面板都可以"泊"在这里，如图 2.2.4 所示为【魔棒工具】的选项栏。

图 2.2.4

通常情况下，工具选项栏位于图像窗口的上方，实际上也可以将它置于图像窗口的下方。将光标指向工具选项栏最左侧的"竖条"上，按住鼠标左键可将其拖动至目标位置。双击工具选项栏左侧的"竖条"，可以使其最小化，再次双击可以恢复到原来的状态。单击菜单栏中的【窗口/选项】命令，可以隐藏或显示工具选项栏。

二、图像控制面板

Photoshop 的控制面板为编辑图像提供了十分便捷的途径。第一次启动 Photoshop 时，所有的控制面板都浮动在工作界面的右侧，或者挂接在工具选项栏上，只有【字符】面板和【段落】面板除外。控制面板是成组出现的，其中：

导航器/信息/直方图：控制面板组主要用于控制图像窗口的显示、查看图像中光标位置的颜色与位置信息、显示图像色彩信息的柱状分布图等操作。

颜色/色板/样式控制面板组：主要用于选择颜色、对图像应用样式等操作。

图层/通道/路径控制面板组：主要用于管理与操作图层、编辑路径、操作通道等操作。

历史记录/动作控制面板组：主要用于撤销与恢复操作、创建与使用动作等操作。

字符/段落控制面板组：主要用于设置文字的属性、格式以及段落格式等操作。

在 Photoshop CS6 中，控制面板还可以停留在【调板窗】中，执行面板菜单中的【停放到调板窗】命令，则控制面板将以标签的形式"泊"在工具选项栏的右侧，从而留出更多的工作空间供设计使用。

三、图像窗口

图像窗口就是图像编辑区，我们的操作主要是针对图像窗口而言的。图像窗口的尺寸与显示比例由用户控制。Photoshop 的图像窗口上也有一个标题栏，在该标题栏上显示了图像的名称、显示比例、色彩模式、当前图层等信息。如果图像窗口处于最大化状态，那么这部分信息会显示在 Photoshop 的标题栏中，也就是图像窗口与 Photoshop 系统共用一个标题栏。

四、如何设置颜色

在绘制图形、填充颜色或编辑图像时，首先需要选择颜色。Photoshop CS6 为用户选取颜色提供了多种解决方案，如可以在工具箱中进行设置，也可以使用颜色面板和色板面板进行设置，还可以使用吸管工具进行取色。下面主要介绍如何通过工具箱设置前景色、背景色。

在 Photoshop CS6 工具箱的下方提供了一组专门用于设置前景色、背景色的色块，如图 2.2.5 所示。

图 2.2.5

单击■按钮，或按键盘中的 D 键，可将颜色设置为默认色，即前景色为黑色、背景色为白色。

单击↖按钮，或按键盘中的 X 键，可以转换前景、背景的颜色。

单击前景色、背景色色块，将打开如图 2.2.6 所示的【拾色器】对话框。在该对话框中，设置任何一种色彩模式的参数值都可以选取相应的颜色，也可以直接在对话框左侧的色域中单击鼠标选取相应的颜色。

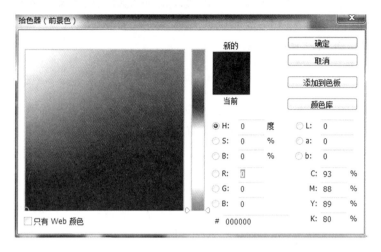

图 2.2.6

在该对话框中，用户可以设置出 1 680 多万种颜色。当所选颜色旁出现 ⚠ 标识时，表示该颜色超出了 CMYK 色域的范围，印刷输出时其下方的颜色将替代所选颜色；当所选颜色旁出现 ⚫ 标识时，表示该颜色超出了网络所允许的颜色的范围，其下方的颜色将替代所选颜色。在设计网页图形时，为确保选取的颜色不超出网络安全色的范围，可勾选【只有 Web 颜色】复选框。

工具箱中前景色和背景色的设置：
（1）单击前景色或背景色色块，打开【拾色器】对话框。
（2）在对话框中选择所需要的颜色。
（3）单击【确定】按钮，即可将所选颜色设置为前景色或背景色。

五、图像的显示控制

图像的显示控制操作是图像处理过程中使用得比较频繁的一种操作，主要包括图像的缩放、查看图像的不同位置、窗口布局等操作。

1．图像的缩放

在图像编辑过程中，经常需要将图像的某一部分进行放大或缩小，以便于操作。在放大或缩小图像时，窗口的标题栏和底部的状态栏中将显示缩放百分比。在 Photoshop CS6 中，图像的缩放方式有以下几种：

选择工具箱中的【缩放工具】 🔍，将光标移动到图像上，则光标变为 🔍 形状，每单击一次鼠标，图像将放大一级，并以单击的位置为中心显示图像。当图像放大到最大级别时将不能再放大。按住 Alt 键，则光标变为 🔍 形状，每单击一次鼠标，图像将缩小一级。当图像缩小到最大缩小级别（在水平和垂直方向只能看到 1 个像素）时，将不能再缩小。

选择工具箱中的【缩放工具】 🔍，在要放大的图像部分上拖动鼠标，将出现一个虚线框，释放鼠标后，虚线框内的图像将充满窗口。

在工具箱中双击【缩放工具】🔍，则图像将以100%的比例显示。

在工具箱中双击【抓手工具】✋，则图像将以屏幕最大显示尺寸显示。

Tips 在任何情况下按下 Ctrl + 空格键，光标都将变为 🔍 形状；按下 Alt + 空格键，光标将变为 🔍 形状，其他操作同上。

2. 图像的查看

查看图像有如下几种方法：

选择工具箱中的【抓手工具】✋，将光标移动到图像上，当光标变为 ✋ 形状时拖动鼠标，可以查看图像的不同部分；拖动图像窗口上的水平、垂直滚动条可以查看图像的不同部分；按下键盘中的 PageUp 或 PageDown 键可以上下滚动图像窗口查看图像。

Tips 任何情况下按下空格键，光标都将变为 ✋ 形状，此时拖动鼠标可查看图像的不同部分。

六、辅助设计工具

Photoshop CS6 为编辑图像提供了极为方便的辅助工具，例如标尺、参考线、网格、测量尺、颜色标记及注释工具等，它们可以使操作更加精确，大大提高工作效率。

1. 标尺

使用标尺可以帮助用户在图像窗口的水平和垂直方向上精确设置图像的位置，从而设计出更符合要求的图像作品。

单击菜单栏中的【视图/标尺】命令，或者反复按 Ctrl + R 键，可以显示或隐藏标尺。显示标尺以后，可以看到标尺的坐标原点位于图像窗口的左上角，如图2.2.7（a）所示。如果需要改变标尺原点的位置，可以将光标置于原点处，拖动鼠标时会出现"＋"字线，释放鼠标，则交叉点变为新的标尺原点，如图2.2.7（b）所示。改变原点后，双击水平标尺与垂直标尺的交叉点，则原点变回默认方式。

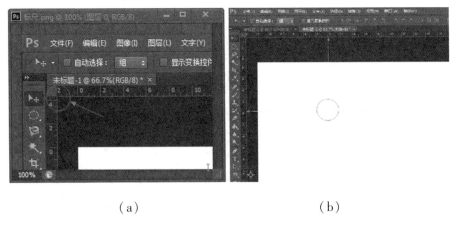

(a)   (b)

图2.2.7

2．参考线

参考线是 Photoshop 软件提供的又一辅助设计工具，利用它可以精确地实现对齐操作和对称操作等功能。在显示标尺的状态下，将光标指向水平标尺，向下拖动可以设置水平参考线；将光标指向垂直标尺，向右拖动可以设置垂直参考线，如图 2.2.8 所示。

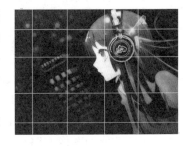

图 2.2.8

按住 Alt 键的同时将光标从水平标尺向下拖动，可以设置垂直参考线，从垂直标尺向右拖动可以设置水平参考线。

将光标移动到参考线上，当光标变为双向箭头形状时拖动鼠标，可以移动参考线的位置。如果将参考线拖动至窗口以外，可以删除该参考线。

单击菜单栏中的【视图/清除参考线】命令，将删除所有参考线。

单击菜单栏中的【视图/锁定参考线】命令，参考线将被锁定，不能再发生移动。

单击菜单栏中的【视图/对齐到/参考线】命令，当移动图像或创建选择区域时，可以使图像或选择区域自动捕捉参考线，实现对齐操作。

重复单击菜单栏中的【视图/参考线】命令，可以显示或隐藏参考线。

3．网格

网格是由一连串水平和垂直的点所组成的，经常被用来协助绘制图像和对齐窗口中的任意对象。默认状态下网格是不可见的。在菜单中执行【视图/显示/网格】命令或按快捷键 Ctrl + ' 键，可以显示或隐藏非打印的网格，如图 2.2.9 所示。

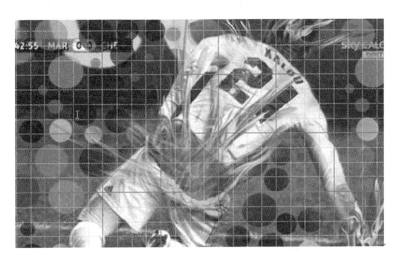

图 2.2.9

七、常用快捷键

新建图形文件：Ctrl + N

用默认设置创建新文件：Ctrl + Alt + N

打开已有的图像：Ctrl + O

打开为：Ctrl + Alt + O

关闭当前图像：Ctrl + W

保存当前图像：Ctrl + S

另存为：Ctrl + Shift + S

存储副本：Ctrl + Alt + S

还原/重做前一步操作：Ctrl + Z

还原两步以上操作：Ctrl + Alt + Z

重做两步以上操作：Ctrl + Shift + Z

剪切选取的图像或路径：Ctrl + X 或 F2

复制选取的图像或路径：Ctrl + C

合并复制：Ctrl + Shift + C

将剪贴板的内容粘到当前图形中：Ctrl + V 或 F4

将剪贴板的内容粘到选框中：Ctrl + Shift + V

自由变换：Ctrl + T

用背景色填充所选区域或整个图层：Ctrl + Backspace 或 Ctrl + Delete

用前景色填充所选区域或整个图层：Alt + Backspace 或 Alt + Delete

从历史记录中填充：Alt + Ctrl + Backspace

从对话框新建一个图层：Ctrl + Shift + N

以默认选项建立一个新的图层：Ctrl + Alt + Shift + N

通过复制建立一个图层：Ctrl + J

通过剪切建立一个图层：Ctrl + Shift + J

与前一图层编组：Ctrl + G

取消编组：Ctrl + Shift + G

向下合并或合并链接图层：Ctrl + E

合并可见图层：Ctrl + Shift + E

盖印或盖印链接图层：Ctrl + Alt + E

盖印可见图层：Ctrl + Alt + Shift + E

全部选取：Ctrl + A

取消选择：Ctrl + D

羽化选择：Ctrl + Alt + D

反向选择：Ctrl + Shift + I

载入选区：Ctrl + 点按【图层】、【路径】、【通道】面板中的缩览图

任务 3　新建、打开、保存文档

一、新建图像文件

（1）单击菜单栏中的【文件/新建】命令，或按下键盘上的 Ctrl + N 键，将弹出【新建】对话框。

（2）新建文件时，一般都需要设置【新建】对话框，其中最常用的设置有宽度、高度、分辨率、颜色模式、背景内容等。颜色模式通常选用 RGB 颜色，度量单位可根据实际需要选用像素、英寸、厘米、毫米、点等，背景内容是指新建图像文件背景层上的内容，一般选用白色。

在名称文本框中输入文件的名称，系统默认名称为"未标题 – 1. psd"。

在预置下拉列表中可以选择系统预设的图像尺寸，如果需要自定义图像尺寸，可以选择自定义选项，然后在宽度和高度文本框中输入图像的宽度和高度值，并选择合适的尺寸单位。

在分辨率选项中确定图像的分辨率。通常情况下，设计印刷品时，分辨率不能低于300dpi；如果是设计网络图像，分辨率设置为 72dpi。

在【颜色模式】下拉列表中选择图像的色彩模式。一般地，设计图像时使用 RGB 颜色模式，最后再转换为 CMYK 颜色模式进行输出。

在背景内容选项中确定图像背景层的颜色，可设置为白色、背景色或透明。

（3）单击【确定】按钮，即建立了一个新的图像文件。

Tips 按住 Ctrl 键的同时双击工作区，也将弹出【新建】对话框。

二、打开图像文件

（1）单击菜单栏中的【文件/打开】命令，或按下键盘中的 Ctrl + O 键，将弹出【打开】对话框。

（2）在【查找范围】下拉列表中选择图像文件所在的位置。

（3）在【文件类型】下拉列表中选择文件类型。

（4）在文件列表中选择要打开的图像文件。

（5）单击【打开】按钮，即可打开所选的图像文件。

在 Photoshop CS6 的文件菜单中还有一个【最近打开的文件】命令，该命令的子菜单中记录了最近打开过的图像文件名称，默认情况下可以记录 10 个最近打开的文件，但是可以通过基本参数修改数值，范围是 0 ~ 30。单击其中的任意一个文件名称，可以打开相应的图像文件。

三、保存图像

当成功地编辑完一幅作品后，可以将它保存起来。Photoshop CS6 为保存图像文件提供了 3 种方法：

（1）单击菜单栏中的【文件/存储】命令，或按键盘中的 Ctrl + S 键，可以保存图像文件。如果是第一次执行该命令，将弹出【存储为】对话框用于保存文件。

（2）单击菜单栏中的【文件/存储为】命令，或按 Ctrl + Shift + S 键，可以将当前编辑的文件按指定的格式更改名称并存盘，当前文件名将变为新文件名，原来的文件仍然存在。

（3）单击菜单栏中的【文件/存储为 Web 所用格式】命令，可以将图像文件保存为网络图像格式，并且可以对图像进行优化，如图 2.3.1 所示。

图 2.3.1

任务 4　姹紫嫣红图片制作

 任务分析

本任务主要是掌握辅助线和网格的设置，运用这两个辅助工具精确地完成对象自动对准和对齐操作。

任务实现

（1）新建文件：大小为 30 厘米×30 厘米，分辨率为 100 像素/英寸，颜色模式为 RGB，背景内容为白色。

（2）单击菜单栏中的【视图/标尺】命令，移动鼠标指针至刻度位置，当其变为白色箭头形状时，按住鼠标左键不放，拖出一条水平参考线，用同样的方法拖出一条垂直参考线，如图 2.4.1 所示。

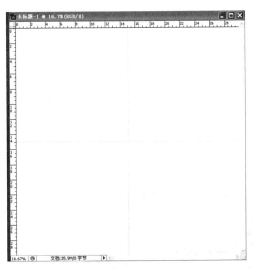

图 2.4.1   图 2.4.2

（3）打开 4 幅风景图片素材，选择工具箱中的【移动工具】 ，将 4 幅图片拉到适当的位置，并调整图像的大小，如图 2.4.2 所示。

（4）用【横排文字工具】 输入文字"姹紫嫣红"，字体设置为华文彩云，字号大小设置为 100，文本颜色设置为黄色（#f1f320）。

（5）使用【移动工具】调整文字位置，可用 Ctrl+T 键自由变换文字大小。

（6）右击【图层】面板中的文字图层，在弹出的快捷菜单中选择【混合选项】。

（7）在【图层样式】对话框中设置"斜面和浮雕"与"内发光"效果，参数设置如图 2.4.3 所示。

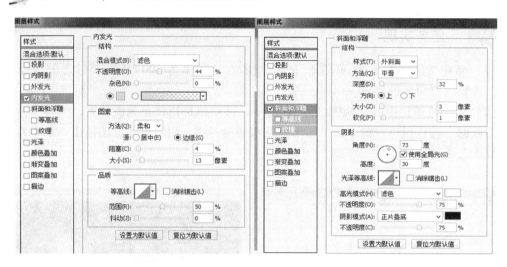

图 2.4.3

（8）按 Ctrl + S 键保存文档，文件命名为"姹紫嫣红"，最终效果如图 2.4.4 所示。

图 2.4.4

项目三　图像色彩调整

项目描述

本项目引领读者深入了解色彩调整的基本概念；指导读者运用 Photoshop CS6 的色阶、曲线、亮度/对比度、色相/饱和度、照片滤镜、匹配颜色、替换颜色、通道混合器等工具随心所欲地改变照片的色彩和色调。

任务目标

◆ 掌握调整图像的亮度、对比度、色相和饱和度等工具参数的运用
◆ 能用图像色彩调整命令改变或调整图像的色彩
◆ 能用图像色彩调整命令对有缺陷的图像进行调整

任务 1　增加夕阳效果的照片

任务分析

本任务使用色相/饱和度、曲线等工具调整图片的色彩，勾画出一幅夕阳西下、金波荡漾的夕阳美景。

任务实现

（1）打开素材照片"夕阳.jpg"，按 Ctrl + J 键复制图层，生成"背景副本"图层。
（2）按 Ctrl + U 键打开【色相/饱和度】对话框，参数设置如图 3.1.1 所示。按 Ctrl + M 键打开【曲线】对话框，参数设置如图 3.1.2 所示。

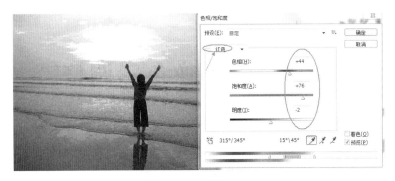

图 3.1.1

图 3.1.2

 知识导读

（一）　色彩调整的基本概念

在讲解各个色彩调整命令前，下面先来介绍一下色相、纯度、明度和对比度等色彩的基本概念，以帮助没有美术基础的读者理解。

1．色相

色相、纯度和明度是色彩的三要素。色相是指色彩的相貌，是区别色彩种类的名称。如红、紫、橙、蓝、青、绿、黄等色彩分别代表一类具体的色相，而黑、白以及各种灰色是属于无色系的。对色相进行调整即在多种颜色之间变换。

2．纯度

纯度是指色彩的纯净程度，也称饱和度。对色彩的饱和度进行调整也就是调整图像的纯度。

3．明度

明度是指色彩的明暗程度，也可称为亮度。明度是任何色彩都具有的属性。白色是明度最高的颜色，因此在色彩中加入白色，可提高图像色彩的明度；黑色是明度最低的颜色，因此在色彩中加入黑色，可降低图像色彩的明度。

4．对比度

对比度是指不同颜色之间的差异。调整对比度就是调整颜色之间的差异，提高对比度，可使颜色之间的差异变得更加明显。

（二）图像色调控制

通过调整色阶可以改变图像的明暗程度。

1. 使用【色阶】命令

选择【图像/调整/色阶】命令，将打开【色阶】对话框，各选项的含义如图 3.1.3 所示。

2. 使用【自动色阶】命令

选择【图像/调整/自动色阶】命令（该命令无参数设置对话框），可以自动调整图像的明暗程度，去除图像中不正常的高亮区和黑暗区。

3. 调整曲线

使用【曲线】命令可以对图像的色彩、亮度和对比度进行综合调整，与【色阶】命令不同的是，它可以在从暗调到高光这个色调范围内对多个不同的点进行调整，常用于改变物体的质感。选择【图像/调整/曲线】命令，将打开【曲线】对话框，部分选项的作用与【色阶】对话框相同，其他选项的含义如图 3.1.4 所示。

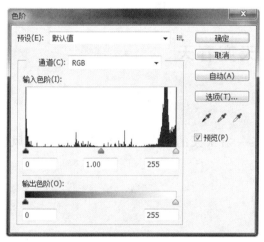

图 3.1.3

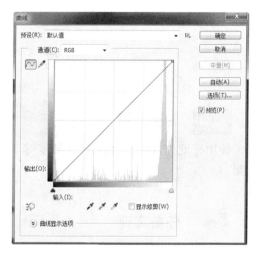

图 3.1.4

任务 2　提高照片清晰度

 任务分析

使用亮度/对比度、色相/饱和度等工具调整照片的清晰度。

任务实现

（1）打开素材照片"小孩子.jpg"，按 Ctrl + J 键复制图层，生成"背景副本"图层。

（2）选择【图像/调整/亮度/对比度】命令，参数设置如图 3.2.1 所示，按 Ctrl + U 键打开【色相/饱和度】对话框，参数设置如图 3.2.2 所示。

图 3.2.1   图 3.2.2

任务 3 秋天变春天

任务分析

使用亮度/对比度、色相/饱和度等工具将一幅秋天的景色图片调整成春天的风景效果。

任务实现

图 3.3.1   图 3.3.2

（1）打开素材照片"树林.jpg"，按 Ctrl + J 键复制图层，生成"背景副本"图层。

（2）选择【图像/调整/亮度/对比度】命令，参数设置如图 3.3.1 所示，按 Ctrl + U 键打开【色相/饱和度】对话框，参数设置如图 3.3.2 所示。

 知识导读

图像色彩控制

1．调整色彩平衡

使用【色彩平衡】命令可以调整图像整体的色彩，改变颜色的混合，若图像有明显的偏色，可以使用该命令来纠正。选择【图像/调整/色彩平衡】命令，将打开【色彩平衡】对话框，各选项含义如图 3.3.3 所示。

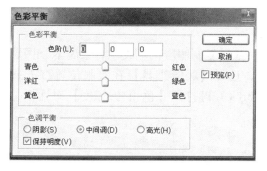

图 3.3.3

图 3.3.4

2．调整亮度/对比度

使用【亮度/对比度】命令可以调整图像的亮度和对比度。选择【图像/调整/亮度/对比度】命令，打开【亮度/对比度】对话框，各选项含义如图 3.3.4 所示。

3．调整色相/饱和度

使用【色相/饱和度】命令可以调整图像中单个颜色的三要素，即色相、饱和度和明度。

选择【图像/调整/色相/饱和度】命令，打开【色相/饱和度】对话框。

任务 4　衣服换色

 任务分析

使用替换颜色、色相/饱和度等工具，可以随心所欲地改变衣服的颜色。

任务实现

图 3.4.1   图 3.4.2

（1）打开素材照片"人物 . jpg"，按 Ctrl +J 键复制图层，生成"背景副本"图层。

（2）选择【图像/调整/替换颜色】命令，选择【吸管工具】在衣服位置点击并设置好其他参数，参数设置如图 3.4.1 所示，按 Ctrl +U 键打开【色相/饱和度】对话框，参数设置如图 3.4.2 所示。

知识导读

特殊色调控制

使用【匹配颜色】、【替换颜色】和【可选颜色】命令都可改变图像的色彩，将某一类颜色替换成另一种颜色。

1．使用【匹配颜色】命令

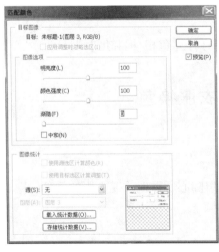 

图 3.4.3   图 3.4.4

使用【匹配颜色】命令可以调整图像的亮度、色彩饱和度和色彩平衡，同时还可将当前图层中的图像的颜色与它下一图层中的图像或其他图像文件中的图像颜色相匹配。

　　选择【图像/调整/匹配颜色】命令，打开【匹配颜色】对话框，各选项含义如图3.4.3所示。

　　2. 使用【替换颜色】命令

　　使用【替换颜色】命令可以替换图像中某个特定范围内的颜色。选择【图像/调整/替换颜色】命令，打开【替换颜色】对话框，如图3.4.4所示。

　　先用【吸管工具】在图像预览窗口中单击需要替换的某一种颜色，然后在【替换】栏下方拖动3个滑竿上的滑块，设置新的色相、饱和度和明度，最后调整【颜色容差】值，数值越大，被替换颜色的图像区域越大。

　　3. 使用【可选颜色】命令

　　使用【可选颜色】命令可以有选择性地修改任何原色中印刷色的数量，而不会影响其他原色，这也是校正高端扫描仪和分色程序使用的一项技术。

　　选择【图像/调整/可选颜色】命令，打开【可选颜色】对话框。先在【颜色】下拉列表框中选择要调整的颜色，有红色、黄色、绿色、青色、蓝色、洋红、白色、中性色和黑色共9个颜色选项，然后分别拖动【青色】、【洋红】、【黄色】和【黑色】滑块来调整C、M、Y、K四色的百分比值。选中【相对】按钮表示按CMYK总量的百分比来调整颜色，若选中【绝对】按钮表示按CMYK总量的绝对值来调整颜色。

任务 5　神奇换脸术

 任务分析

　　应用匹配颜色、可选颜色和亮度/对比度等工具，将图像"男人.jpg"中不同人物的脸置换成同一个人物的脸，并调整色彩，使其融合在一起。

 任务实现

　　（1）打开素材照片"男人.jpg"，按Ctrl + J键将"背景"图层复制一层，选择【磁性套索工具】，执行【选择/修改/羽化】命令，羽化值设为10，然后套出左边人物的脸部，按住【移动工具】拖出脸部，移到右边人物脸部位置，如图3.5.1所示。

图 3.5.1   图 3.5.2

（2）选择【图像/调整/匹配颜色】命令，在打开的对话框中，选择【吸管工具】在衣服位置单击并设置好其他参数，如图 3.5.2 所示。

（3）选择【图像/调整/可选颜色】命令，参数设置如图 3.5.3 所示。按 Ctrl + U 键打开【色相/饱和度】对话框，参数设置如图 3.5.4 所示。

图 3.5.3   图 3.5.4

（4）设置前景色为黑色（#000000），打开【图层】面板，点击【添加图层蒙版】按钮，为脸部添加图层蒙版，选择柔角画笔 ，在人脸边缘涂抹，完成溶入效果。

 知识导读

（一）通道混合器和渐变映射

1. 使用【通道混合器】命令

使用【通道混合器】命令可以通过从每个颜色通道中选取它所占的百分比来创建色彩。选择【图像/调整/通道混合器】命令，打开【通道混合器】对话框。

2. 使用【渐变映射】命令

使用【渐变映射】命令可以根据各种渐变颜色对图像颜色进行调整。选择【图像/调整/渐变映射】命令，将打开【渐变映射】对话框，在【灰度映射所用的渐变】下拉列表框中选择要使用的渐变色，并可通过单击中间的颜色框来编辑所需的渐变颜色。复选框的作用与【渐变工具】的相应选项相同。

（二）照片滤镜

使用【照片滤镜】命令可以模仿在相机镜头前面加彩色滤镜的效果，通过调整镜头传输的光的色彩平衡和色温，使胶片曝光，并提供了多种预设的颜色滤镜。

（三）调整阴影/高光

使用【阴影/高光】命令可以基于阴影或高光中的周围像素进行增亮或变暗。适用于校正由强逆光而形成剪影的照片，或者校正由于太接近相机闪光灯而有些发白的焦点。

选择【图像/调整/阴影/高光】命令，打开【阴影/高光】对话框。通过分别调整阴影和高光的数量值，即可调整光照的校正量。

（四）阈值和色调分离

阈值和色调分离也是 Photoshop 中常用的处理图像的方法，下面就分别对其进行讲解。

1. 使用【阈值】命令

使用【阈值】命令可以将一张彩色或灰度的图像调整成高对比度的黑白图像，这样便可区分出图像中的最亮和最暗区域。选择【图像/调整/阈值】命令，打开【阈值】对话框，用户可以指定某个色阶作为阈值，即所有比阈值大的像素将转换为白色，而比阈值小的像素将转换为黑色。

2. 使用【色调分离】命令

使用【色调分离】命令可以指定图像中每个通道的色调级（或亮度值）的数目，然后将像素映射为最接近的匹配色调，减少并分离图像的色调。选择【图像/调整/色调分离】命令，在打开的【色调分离】对话框中设置色调级数目。

（五）使用【变化】命令

使用【变化】命令可以直观地调整图像的阴影、中间色调、高光和饱和度。选择【图像/调整/变化】命令，打开【变化】对话框，在【变化】对话框左上角有两个缩览图，分别用于显示调整前和调整后的图像效果。调整图像时，先在【变化】对话框中选择需要调整的内容，选择调整内容后单击对话框下方的各个颜色预览框中的图像，可连续几次单击同一个颜色图像，以增加相应的颜色，完成后单击【确定】按钮应用效果即可。

项目四 选区制作

 项目描述

本项目引领读者了解 Photoshop CS6 的各种选区制作工具及各种工具的区别和作用；指导读者运用不同的选区制作工具制作各种各样的选区以及大胆尝试运用选区制作工具制作具有专业水平的 Logo（标志）。

 任务目标

◆掌握各选区制作工具的属性参数设定
◆掌握选区新、加、减、交的运算方法
◆掌握在 Photoshop CS6 中选区的创建、移动、复制以及颜色的调整操作

任务 1　创建矩形选区

 任务分析

在 Photoshop 中用来创建矩形选区的工具只有【矩形选框工具】，【矩形选框工具】主要应用在对图像选区要求不太严格的图像中。

 任务实现

（1）打开苹果素材图片，默认状态下在工具箱中单击【矩形选框工具】。
（2）在图像上选择一点，按住鼠标向对角处拖动，松开鼠标后便可创建矩形选区，如图 4.1.1 所示。

图 4.1.1

任务 2　创建椭圆和单行选区

 任务分析

在 Photoshop 中用来创建椭圆或正圆选区的工具只有【椭圆选框工具】，【椭圆选框工具】的使用方法与【矩形选框工具】大致相同，下面介绍正圆的选取方法。

 任务实现

（1）执行【文件/新建】命令，新建大小为 10 厘米×10 厘米，分辨率为 150 像素/英寸，背景内容为白色的文件。

（2）选择工具箱中的【椭圆选框工具】，按住 shift 键在画布中绘制图像。

（3）选择工具箱中的【单行/单列像素工具】，在画布中绘制如图 4.2.1 所示的形状。

图 4.2.1

 知识导读

（一）什么是选区

选择区域简称选区。Photoshop 在处理图像时，通常需要先选取待处理的部分，选取以后，才可以根据需要对选区进行不同的编辑、处理。可见，准确地、正确地选取图像目标区域是非常重要的。

选取的方法很多，可根据需要选择不同的工具。在 Photoshop CS6 的工具箱中提供了选框工具组、套索工具组、魔棒工具组三类区域选择工具。此外，工具箱中还多了【快速选择工具】（Quick Selection Tool），它是应用魔棒的快捷版本，可以不用任何快捷键进行加选，按住不放便可以像绘画一样选择区域，非常神奇。当然选项栏也有新、加、减、交四种模式可选，快速选择颜色差异大的图像会非常直观、快捷。

（二）与选取有关的几个概念

1. 绘图模式

快捷键：使用选取工具的同时按 Shift 键则添加到选区；同时按 Alt 键则从选区减去；

同时按 Shift + Alt 键为与选区交叉。

2．羽化

羽化就是软化选区边缘，也就是降低选区边缘被选中的程度。在选取工具选项栏上的【羽化】框中可设定选框边界的羽化值，数值越大，羽化选区边缘的程度就越高。

3．消除锯齿

选取工具的选项栏上有【消除锯齿】复选框，用于去除选择边界的锯齿状边缘。但【矩形选框工具】不能选择消除锯齿。

4．样式

【选框工具】的选项栏上有样式下拉列表，选择固定长宽比，在文字框中输入【宽度】和【高度】的比例（缺省设置是 1:1，即选出的是正方形或圆形）；如果在【样式】选项中选取【固定大小】，则每次单击鼠标，都将在图像中选择出一块固定大小的矩形或椭圆区域，尺寸也可预先在【宽度】和【高度】文字框中设置。

5．选区的取消、保存和载入

按 Ctrl + D 键或执行【选择/取消选择】命令可取消选区；选区可以保存，也可在需要时将已保存的选区重新载入；要保存选区，可执行【选择/存储选区】命令，在弹出的【存储选区】对话框中设置，设置很简单，通常只要输入名称即可；要载入已保存的选区，可执行【选择】菜单中的【载入选区】命令，在弹出的【载入选区】对话框中，从【通道】下拉列表中选择已经存储的选区，并设置【操作】选项，设置完成后按【确定】按钮即可载入选区。

（三）选框工具组

选框工具组中包括【矩形选框工具】（建立一个矩形选区）、【椭圆选框工具】（建立一个椭圆选区）、【单行选框工具】和【单列选框工具】（建立宽为 1 个像素的行或列）四种，如图 4.2.2 所示。选用相应的工具并在其属性栏中设置后，用鼠标直接拖动即可建立相应的选区。

图 4.2.2

按 Shift + M 键可以快速选取【矩形选框工具】或【椭圆选框工具】，重复按 Shift + M 键可实现这两个工具的切换。用选框工具组建立新选区时，按 Shift 键并拖动鼠标，可得到正方形或正圆形选区；按 Alt 键并拖动鼠标，将以拖动的开始点作为中心点选择出一个区域；同时按 Shift 键和 Alt 键并拖动鼠标，将以拖动的开始点为中心点选择出一个正方形或正圆形的选区。

任务 3 利用多边形套索工具制作五角星选区

 任务分析

掌握水平、垂直或 45 度方向定义边线，会灵活运用 Shift、Alt 键改变方向，变换工具。

任务实现

（1）打开素材照片"五角星.jpg"，在工具箱中单击【多边形套索工具】。

（2）在图像上选择一点，按住鼠标沿着五角星的边缘方向制作出五边形的选区，如图4.3.1所示。

图4.3.1

Tips A. 按下 Shift 键，可按水平、垂直或 45 度方向定义边线。

　　 B. 按下 Alt 键，可切换为套索工具。

　　 C. 按下 Delete 键，可取消最近定义的边线；按下 Delete 键不放，可取消所有定义的边线。

　　 D. 按下 Esc 键，可同时取消所有定义的边线。

任务4　利用磁性套索工具选择水果

 任务分析

【磁性套索工具】宽度、边对比度、频度、光笔压力的设置运用。

 任务实现

（1）执行【文件/打开】命令或按 Ctrl + O 键，打开素材"草莓.jpg"。

（2）选择【磁性套索工具】，按住鼠标左键点击草莓的边沿，沿边沿移动鼠标让套索索住整个草莓，当出现小圆标记时，单击即可选中草莓，如图4.4.1、图4.4.2所示。

图4.4.1　　　　　　　　　　　图4.4.2

任务5　运用选框工具制作中国银行标志

 任务分析

运用加运算、减运算和 Alt 与 Shift 组合键轻松制作中国银行标志。

 任务实现

（1）执行【文件/新建】命令，设置文件大小为 10 厘米×10 厘米，分辨率为 150 像素/英寸，背景内容为白色。

（2）选择【视图/标尺】，显示出标尺，选择【箭头工具】拖出两条参考线，选择【椭圆选框工具】，按住 Alt+Shift 键绘制出以参考线交点为中心的正圆，如图 4.5.1 所示。

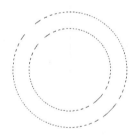

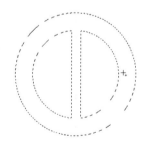

图4.5.1　　　　　　　　图4.5.2　　　　　　　　图4.5.3

（3）选择【椭圆选框工具】，点击选项栏中的【从选区减去】▣按钮，绘制出如图 4.5.2 所示的图形；选择【椭圆选框工具】，点击选项栏中的【添加到选区】▣按钮，绘制出如图 4.5.3 所示的效果。继续用同样的方法绘制出完整的选区，如图 4.5.4 所示。

（4）选择【编辑/描边】命令，在打开的对话框中设置描边宽度为 5 像素，颜色为红色，单击【确定】按钮完成制作，效果如图 4.5.5 所示。

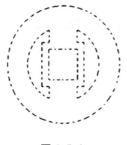

图 4.5.4

图 4.5.5

 巩固任务

用同样的方法绘制出中国工商银行的标志。

图 4.5.6

 任务小结

A. 结合 Alt 键可实现加运算；结合 Shift 键可实现减运算；结合 Alt + Shift 键实现交运算。

B. 结合 Alt 键和 Shift 键可实现不同图层的选区的加减运算。

 知识导读

套索工具组

【套索工具】如图 4.5.7 所示，以手控的方式进行选择，用于选择无规则、外形复杂、边缘较平滑的图形。【多边形套索工具】一般用于选取外形复杂但棱角分明、边缘呈直线的图形。双击鼠标左键或按 Enter 键，系统将自动联结开始点和结束点，产生选区。在选取过程中，若要删除某些线段，按 Delete 键即可。

图 4.5.7

1. 三种套索工具组合使用

使用【套索工具】时，按住 Alt 键松开鼠标左键，再按鼠标左键，则变换成【多边形套索工具】，松开 Alt 键后还原。使用【多边形套索工具】时，按住 Alt 键并移动鼠标，则变为【套索工具】，松开 Alt 键后还原。在使用【磁性套索工具】时，按 Alt 键并按鼠标左键拖动鼠标，则【磁性套索工具】变成【套索工具】；松开鼠标左键并拖动则变成【多边形套索工具】；松开 Alt 键后则恢复成【磁性套索工具】。

2．选区的增减（布尔运算）

（1）新建选区 ：在已存在选区的图像中拖动鼠标绘制新选区，如果与原选区相交，则组合成新的选择区域；如果选区不相交，则新创建另一个选区。

（2）选区的相加操作（并集） ：在已存在选区的图像中拖动鼠标绘制新选区，如果选区相交，则合成的选择区域会刨除相交的区域；如果选区不相交，则不能绘制出新选区。

（3）选区的相减操作（差集） ：在已存在选区的图像中拖动鼠标绘制新选区，如果选区相交，则合成的选择区域会只留下相交的部分；如果选区不相交，则不能绘制出新选区。

（4）选区的交叉操作（交集） ：在已存在选区的图像中拖动鼠标绘制新选区，如果选区相交，则合成的选择区域会只留下相交的部分；如果选区不相交，则不能绘制出新选区。

任务 6　云层的选取

 任务分析

运用【魔棒工具】把千变万化、云雾缭绕的云层分离出来。在制作过程中要反复设置容差值，还要结合其他属性参数进行调整。

 任务实现

（1）打开素材图片"天空.jpg"，选择【魔棒工具】 ，设置容差值为 60，去掉连续选项前的打钩符号，用魔棒点选最大块部分的云，得到如图 4.6.1 所示的选区。

图 4.6.1

图 4.6.2

（2）点击选项栏中的【添加到选区】 按钮，把容差值改为4，继续在较淡的云中点击，选中上一步操作没选中的云，如图4.6.2所示。

（3）按 Ctrl + J 键复制图层选区，关闭背景前的小眼睛，得到如图4.6.3所示的效果。最后用【橡皮擦工具】把不是云的部分擦除，得到如图4.6.4所示的图像。

图4.6.3

图4.6.4

 知识导读

【魔棒工具】和【色彩范围】选取

【魔棒工具】能根据颜色的相似程度进行选取。在 Photoshop 中使用【魔棒工具】可以为图像中颜色相同或相近的像素创建选区。【魔棒工具】通常用来快速创建与图像颜色相近像素的选区，在实际工作中，使用【魔棒工具】在图像某个颜色像素上单击鼠标，系统会自动创建该像素的选区，既节省时间，又可以得到意想不到的效果。在【魔棒工具】的属性栏中，【容差】用于控制色彩的范围，可以设置 0 ~ 255 的值（默认值32）。【色彩范围】菜单命令如图4.6.5所示。

执行【选择】菜单中的【色彩范围】命令，弹出【色彩范围】对话框。在【色彩范围】对话框的【选择】下拉菜单中，可以指定一个标准色彩或选择【取样颜色】，用吸管在图像中吸取一种颜色。在【色彩容差】框中设定允许的范围。【反相】复选框，其作用相当于【反选】。三支吸管，自左至右为"吸管""+吸管"和"－吸管"。作用分别是：在图像上单击后选定所需的颜色区域；在当前选区中增加另一种颜色的区域；在当前选区中减少另一种颜色的区域。

图4.6.5

任务 7　制作立体饼状物

 任务分析

运用【椭圆选框工具】、【多边形套索工具】和选区相交、快捷键 Ctrl + Alt + ↓制作立体效果。

 任务实现

（1）新建文件：大小为 500 像素×500 像素，分辨率为 72 像素/英寸，背景内容为白色，如图 4.7.1 所示。

（2）执行菜单中的【视图/标尺】命令，然后拉出两条辅助线让其在工作区中间相交。

（3）新建"图层 1"，然后选择工具箱中的【椭圆选框工具】 ，将光标移到辅助线相交点，按住 Alt 键，绘制一个椭圆，如图 4.7.2 所示。

图 4.7.1　　　　　　　　　　　　　　　　　　图 4.7.2

（4）将前景色设置为绿色（#0a9204），选择工具箱中的【油漆桶工具】 ，对椭圆选区进行颜色填充。

（5）选择工具箱中的【多边形套索工具】 ，菜单面板设置如图 4.7.3 所示。

（6）新建"图层 2"，用【多边形套索工具】从椭圆中心画出一个扇形，然后按 Delete 键将选区中的颜色删除，如图 4.7.4 所示，如果此时椭圆选框消失，可以按住 Ctrl 键单击"图层 1"中的缩览图调出椭圆选框。

图 4.7.3

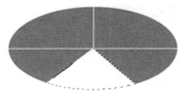

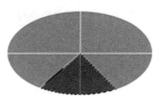

图 4.7.4 图 4.7.5

（7）将前景色设置为红色（#a40603），选择工具箱中的【油漆桶工具】 ，对扇形选区进行颜色填充，如图 4.7.5 所示。

（8）新建"图层 3"，用【多边形套索工具】 从扇形中心画出一个小扇形，然后按 Delete 键将选区中的颜色删除，如图 4.7.6 所示。

（9）将前景色设置为蓝色（#1709dc），选择工具箱中的【油漆桶工具】 ，对扇形选区进行颜色填充，如图 4.7.7 所示。

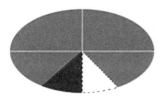

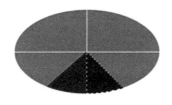

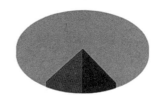

图 4.7.6 图 4.7.7 图 4.7.8

（10）按 Ctrl + D 键取消选区。选中工具箱中的【移动工具】 ，然后选择"图层 1"并按住 Alt 键，同时，多次按下↓键，做出立体效果，同理将"图层 2""图层 3"做出立体效果。最后将辅助线移除，如图 4.7.8 所示。

 巩固任务

制作三色谱。

 任务分析

运用【椭圆选框工具】和选区的相减、快捷键 Ctrl + Shift + Alt 制作三色谱，进一步加深理解三基色（RGB）和印刷色（CMYK）的形成原理。

 任务实现

（1）新建文件：大小为 500 像素 ×500 像素，分辨率为 72 像素/英寸，背景内容为白色，如图 4.7.9 所示。

图 4.7.9

（2）新建"图层1"，并将其命名为"红色"，然后选择工具箱中的【椭圆选框工具】
○，按住 Shift 键，绘制一个正圆。

（3）将前景色设置为红色（#f60400），选择工具箱中的【油漆桶工具】△，对圆形
选区进行颜色填充，如图4.7.10所示。

（4）使用 Ctrl + J 键复制2个图层，分别命名为"绿色"和"蓝色"，如图4.7.11
所示。

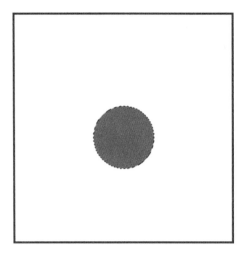

图 4.7.10

图 4.7.11

（5）选择工具箱中的【油漆桶工具】△，分别用绿色（#08fb01）、蓝色（#0100fe）
对"绿色"图层和"蓝色"图层进行颜色填充，并用【移动工具】▶＋将"绿色"图层和
"蓝色"图层移动到如图4.7.12所示的位置。

（6）按住 Ctrl + Shift + Alt 键，单击"红色"图层的图层缩览图⊠和"蓝色"图层的
图层缩览图⊡，调出"红色"图层和"蓝色"图层相交的选区，新建一个图层并命名为
"洋红"，用【油漆桶工具】△填充为洋红色（#f704fe），如图4.7.13所示。

图 4.7.12　　　　　　　　　　图 4.7.13

（7）按住 Ctrl + Shift + Alt 键，单击"红色"图层的图层缩览图▨和"绿色"图层的图层缩览图▨，调出"红色"图层和"绿色"图层相交的选区，新建一个图层，命名为"黄色"，用【油漆桶工具】⚗填充为黄色（#feff01），如图 4.7.14 所示。

（8）按住 Ctrl + Shift + Alt 键单击"蓝色"图层的图层缩览图▨和"绿色"图层的图层缩览图▨，调出"红色"图层和"绿色"图层相交的选区，新建一个图层，命名为"青色"，用【油漆桶工具】⚗填充为青色（#00ffff），如图 4.7.15 所示。

图 4.7.14　　　　　　　　　　图 4.7.15

（9）按住 Ctrl + Shift + Alt 键单击"红色"图层的图层缩览图▨、"蓝色"图层的图层缩览图▨和"绿色"图层的图层缩览图▨，调出"红色"图层、"蓝色"图层和"绿色"图层相交的选区，新建一个图层，命名为"白色"，用【油漆桶工具】⚗填充为白色（#ffffff），按住 Ctrl + D 键取消选择，如图 4.7.16 所示。

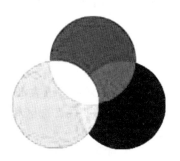

图 4.7.16

知识导读

（一）快速选择工具

【快速选择工具】的操作方法和【魔棒工具】基本相同，不仅可以通过点击来操作，也可以画出所需的选区。由于【快速选择工具】对边缘的查找是软件自动进行的，难免会出现多选或少选的状况。这时借助工具选项栏中的【新选区】、【添加到选区】、【从选区减去】来加以调整。

（二）调整选区

1. 移动选区

使用选框工具组、套索工具组、魔棒工具组创建的选区，可以移动。要移动选区，可将光标移入选区后拖动。也可使用键盘上的方向键移动选区，每按一次方向键，选区移动 1 个像素；每按 Shift + 方向键一次，选区移动 10 个像素。

2. 收缩与扩展选区

执行【选择】菜单中的【修改】命令，在次级菜单中，有一组用于修改选区的命令：【边界】、【平滑】、【扩展】、【收缩】以及【羽化】。边界命令的作用，是给已有选区加一个边框，宽度范围为 1 ~ 200 个像素。扩展命令的作用是向外（四周）扩展选区边框，范围是 1 ~ 100 个像素；收缩命令的作用是向内（四周）收缩选区边框，范围是 1 ~ 100 个像素；平滑命令的作用是平滑选择选区的边角，范围是 1 ~ 100 个像素；羽化命令的作用是令选区内外衔接的部分虚化。

3. 扩大选取

执行【选择】菜单中的【扩大选取】，可扩大选区。【扩大选取】命令的作用是根据原选区中的颜色，在原选区附近，扩大选择范围。在使用该命令时，容差是【魔棒工具】选项面板上的容差值。

4. 选取相似

执行【选择】菜单中的【选取相似】，同样可以扩大选区。不同的是【选取相似】命令的作用是基于颜色扩大选区。根据原选区中的颜色，在整幅图像上，扩大选择范围。在使用该命令时，容差是【魔棒工具】选项面板上的容差值。

任务 8　制作奥运五环

 任务分析

奥运五环代表世界五大洲，五色代表的是世界五大洲不同肤色的人民，五环环环相扣代表五大洲的人民团结协作。本任务运用辅助线、选区相减、选区相交和 Shift + Alt 组合键轻松绘制环环相扣的奥运五环。

任务实现

（1）新建文件：新建大小为 600 像素 ×600 像素的新文件。

（2）执行菜单中的【视图/标尺】命令，然后拉出两条辅助线让其在工作区中间相交。

图 4.8.1

（3）新建"图层 1"，命名为"蓝色"，然后选择工具箱中的【椭圆选框工具】 ○，菜单如图 4.8.1 所示，将光标移到辅助线相交点，按住 Shift + Alt 键，从中间绘制一个正圆，如图 4.8.2 所示。

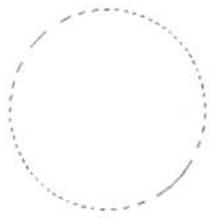

图 4.8.3

图 4.8.2

（4）选择工具箱中的【椭圆选框工具】 ○，菜单如图 4.8.3 所示，将光标移到辅助线相交点，按住 Shift + Alt 键，从中间绘制一个正圆，获得两个圆相交的圆环选区，如图 4.8.4 所示。

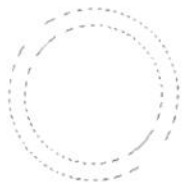

（5）将前景色设置为蓝色（#0000ff），选择工具箱中的【油漆桶工具】 ，对环选区进行填色，如图 4.8.5 所示。

（6）使用 Ctrl +J 键复制 4 个图层，分别命名为"黑色""红色""黄色""绿色"。

图 4.8.4

（7）按住 Ctrl 键单击"黑色"图层的缩览图 调出选区，然后选择工具箱中的【油漆桶工具】 ，将"黑色"图层填充为黑色（#000000），同理将其他图层分别填充为红色(#ff0000)、黄色（# feff01）、绿色（#08fb01）。使用【移动工具】 将 5 个环移动到图 4.8.6 所示的位置。

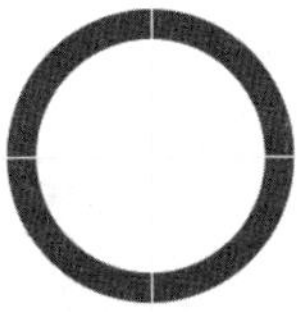

图 4.8.5

图 4.8.6

（8）按住 Ctrl + Shift + Alt 键单击"蓝色"图层缩览图 和"黄色"图层缩览图 ，调出蓝色环和黄色环的相交选区，用【橡皮擦工具】擦去黄色圈的上边选区，并将辅助线移除，如图 4.8.7 所示。

（9）同理将黑色环、黄色环；绿色环、黑色环；绿色环、红色环按上述方法制作出环环相扣的效果，如图 4.8.8 所示。

图 4.8.7   图 4.8.8

 巩固任务

制作太极图。

 任务分析

太极图是以黑白两个鱼形纹组成的圆形图案，俗称阴阳鱼。太极是中国古代的哲学术语，意为派生万物的本源。本任务运用标尺、辅助线、选区相交并结合 Shift + Alt 组合键轻松制作太极图案。

 任务实现

（1）新建文件：大小为 80 厘米 ×80 厘米，分辨率为 72 像素/英寸，背景内容为白色，如图 4.8.9 所示。

（2）将背景填充为黄色（#feff01）。

（3）执行菜单中的【视图/标尺】命令，然后分别在水平和垂直两个方位拉出两条辅助线，让其落在标尺的 40 处并在工作区中间相交，如图 4.8.10 所示。

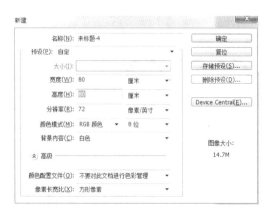
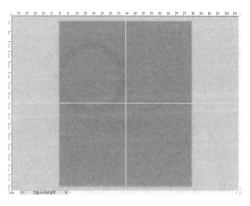

图 4.8.9   图 4.8.10

（4）新建"图层 1"，然后选择工具箱中的【椭圆选框工具】，将光标移到辅助线相交点，按住 Shift + Alt 键，绘制一个正圆，让其边缘相交于画布的边缘并填充黑色（#000000），如图 4.8.11 所示。

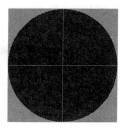

图 4.8.11

图 4.8.12

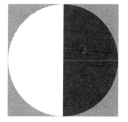

图 4.8.13

（5）新建"图层 2"，然后选择工具箱中的【矩形选框工具】，菜单栏的设置如图 4.8.12 所示，沿着垂直方向的辅助线画出一个矩形，将圆分成两半，然后填充白色（#ffffff），如图 4.8.13 所示，接着按 Ctrl + D 键取消选区。

（6）在水平方向拉出两条辅助线让其落在标尺的 20 和 60 处。

（7）新建"图层 3"，然后选择工具箱中的【椭圆选框工具】，将光标移到水平辅助线 20 和垂直辅助线 40 的交点处，按住 Shift + Alt 键以辅助线交点为中心画出一个圆，并填充黑色（#000000），如图 4.8.14 所示。

（8）新建"图层 4"，然后选择工具箱中的【椭圆选框工具】，将光标移到水平辅助线 60 和垂直辅助线 40 的交点处，按住 Shift + Alt 键以辅助线交点为中心画出一个圆，并填充白色（#ffffff），如图 4.8.15 所示，接着按 Ctrl + D 键取消选区。

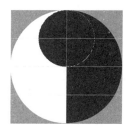

图 4.8.14

图 4.8.15

（9）在水平方向拉出 4 条辅助线，让其落在标尺的 14、26、54 和 66 处；在垂直方向拉出 2 条辅助线，让其落在标尺的 34 和 45 处。

（10）新建"图层 5"，然后选择工具箱中的【椭圆选框工具】，将光标移到水平辅助线 20 和垂直辅助线 40 的交点处，按住 Shift + Alt 键以辅助线交点为中心画出一个圆，并填充白色（#ffffff），如图 4.8.16 所示，接着按 Ctrl + D 键取消选区。

（11）新建"图层 5"，然后选择工具箱中的【椭圆选框工具】，将光标移到水平辅助线 60 和垂直辅助线 40 的交点处，按住 Shift + Alt 键从中心画出一个圆，并填充白色

（#ffffff），如图 4.8.17 所示，接着按 Ctrl + D 键取消选区。

图 4.8.16   图 4.8.17   图 4.8.18

（12）将辅助线移除得到最终结果，如图 4.8.18 所示。

项目五　图像修饰与绘画

 项目描述

　　本项目引领读者了解 Photoshop CS6 的常用绘制工具的种类和作用；指导读者运用常用绘制工具对存在缺陷或瑕疵的生活照片进行修复、美化、合成，并制作各种证件照，还可以用绘制工具来绘制风景图画等。

 任务目标

◆掌握各种图像绘制工具属性参数设定
◆掌握各种图像绘制工具的具体的使用方法
◆熟练掌握图像修饰的工作方向以及各种工具的综合运用

任务 1　用仿制图章工具制作双胞胎图片

 任务分析

本任务运用【仿制图章工具】轻松制作双胞胎效果。

 任务实现

　　（1）执行菜单【文件/打开】命令或按 Ctrl + O 键，打开照片素材，如图 5.1.1 所示。
　　（2）选择【仿制图章工具】，在需要被仿制的图像周围按住 Alt 键并单击鼠标，即可设置源文件的选取点；松开鼠标，将指针移动到要修复的地方，再按住鼠标，跟随目标选取点拖动便可以轻松仿制，如图 5.1.2 所示。

图 5.1.1　　　　　　　　　　　　　　　　　　　　图 5.1.2

任务 2　小屁孩图案定义

任务分析

本例运用编辑/定义图案、图案填充等工具制作图案填充效果。

任务实现

（1）执行菜单【文件/打开】命令或按 Ctrl + O 键，打开素材图片"小屁孩.jpg"。

（2）执行菜单【编辑/定义图案】命令，打开【图案名称】对话框，如图 5.2.1 所示，设置名称为"小屁孩.jpg"，单击【确定】按钮，即可将素材定义为图案。

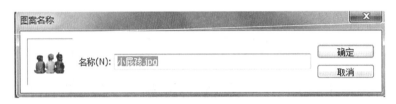

图 5.2.1

（3）新建文件：大小为 20 厘米 × 20 厘米，分辨率为 150 像素/英寸；点击【油漆桶工具】，选择图案 图案 ▾，填充图案效果如图 5.2.2 所示。

图 5.2.2

知识导读

（一）仿制与记录

1. 仿制图章工具

使用【仿制图章工具】可以十分轻松地将整个图像或图像中的一部分进行复制。【仿制图章工具】一般常用在对图像中的某个区域进行复制。使用【仿制图章工具】复制图像时可以是同一文档中的同一图层，也可以是不同图层，还可以在不同文档之间进行复制。该工具的使用方法与【修复画笔工具】一致（取样方法都是按住 Alt 键出现取样图标）。在工具箱中单击【仿制图章工具】后，Photoshop CS6 的选项栏会自动变为【仿制图章工具】所对应的选项的设置，通过选项栏可以对该工具进行相应的属性设置，如图5.2.3 所示。

图 5.2.3

2. 仿制源调板

通过【仿制源】调板可以对复制的图像进行缩放、旋转、位移等设置，还可以设置多个取样点。执行菜单【窗口/仿制源】命令，即可打开【仿制源】调板，如图5.2.4 所示。

其中的各项含义如下：

仿制取样点：用来设置取样复制的采样点，可以一次设置 5 个取样点。

位移：用来设置复制源在图像中的坐标值。

缩放：用来设置被仿制图像的缩放比例。

旋转：用来设置被仿制图像的旋转角度。

复位变换：单击该按钮，可以清除设置的仿制变换。

帧位移：设置动画中帧的位移。

图 5.2.4

帧锁定：将被仿制的帧锁定。

显示叠加：勾选该复选框，可以在仿制的时候显示预览效果。

不透明度：用来设置仿制复制的同时会出现采样图像的图层的不透明度。

模式：显示仿制采样图像的混合模式。

自动隐藏：仿制时将叠加层隐藏。

反相：将叠加层的效果以负片显示。

3. 图案图章工具

使用【图案图章工具】可以将预设的图案或自定义的图案复制到当前文件中。【图案图章工具】通常用在快速仿制预设或自定义图案时，该工具的使用方法非常简单，只要选择图案后，在文档中拖动即可复制。

在工具箱中单击【图案图章工具】后，Photoshop CS6 的选项栏会自动变为【图案图章工具】所对应的选项的设置，通过选项栏可以对该工具进行相应的属性设置，如图 5.2.5 所示。

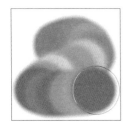

图 5.2.5

其中的各项含义如下：

图案：用来放置仿制时的图案，单击右边的倒三角形，打开【图案拾色器】对话框，在其中可以选择要被用来复制的源图案。

印象派效果：使仿制的图案效果具有一种印象派绘画的效果，如图 5.2.6 所示。

4. 历史记录画笔工具

图 5.2.6

使用【历史记录画笔工具】结合【历史记录】调板可以很方便地恢复图像至任意操作。【历史记录画笔工具】常用于为图像恢复操作步骤，该工具的使用方法与【画笔工具】相同，都是绘画工具，只是需要结合【历史记录】调板才能更方便地发挥该工具的功能。

在工具箱中单击【历史记录画笔工具】后，Photoshop CS6 的选项栏会自动变为【历史记录画笔工具】所对应的选项的设置，通过选项栏可以对该工具进行相应的属性设置，如图 5.2.7 所示。

图 5.2.7

5. 历史记录调板

在 Photoshop 软件中，【历史记录】调板可以记录所有的制作步骤。执行菜单【窗口/历史记录】命令，即可打开【历史记录】调板，如图 5.2.8 所示。

其中的各项含义如下：

打开时的效果：显示最初打开时的文档效果。

创建的快照：用来显示创建快照的效果。

记录步骤：用来显示操作中出现的命令步骤，直接选择其中的命令就可以在图像中看到该命令得到的效果。

历史记录画笔源：在调板前面的图标上单击，可以使该图标上出现画笔图标，此图标出现在什么步骤前面就表示该步骤为所有以下步骤的新历史记录源。此时结合【历史记录画笔工具】就可以将图像或图像的局部恢复到出现画笔图标时的步骤效果。

图 5.2.8

当前效果：显示选取步骤时的图像效果。

从当前状态创建新文档：单击此按钮可以为当前操作出现的图像效果创建一个新的图像文件。

创建新快照：单击此按钮可以为当前操作出现的图像建立一个照片效果。

删除：选择某个状态步骤后，单击此按钮就可以将其删除；或直接拖动某个状态步骤到该按钮上同样可以将其删除。

6. 历史记录艺术画笔工具

使用【历史记录艺术画笔工具】结合【历史记录】调板可以很方便地恢复图像至任意操作，并产生艺术效果。【历史记录艺术画笔工具】常用于制作艺术效果图像，该工具的使用方法与【历史记录画笔工具】相同。

在工具箱中单击【历史记录艺术画笔工具】后，Photoshop CS6 的选项栏会自动变为【历史记录艺术画笔工具】所对应的选项的设置，通过选项栏可以对该工具进行相应的属性设置，如图 5.2.9 所示。

图 5.2.9

其中的各项含义如下：

样式：用来控制产生艺术效果的风格，选择好样式后，在图像上涂抹即可将恢复的图像转换成艺术效果。

区域：用来控制产生艺术效果的范围。取值范围是 0~500。数值越大，范围越广。

容差：用来控制图像的色彩保留程度。

（二）擦除工具

Photoshop CS6 中用于擦除的工具被集中在橡皮擦工具组中，使用该组中的工具可以将打开的图像整体或局部擦除，也可以单独对选取的某个区域进行擦除。右击工具箱中【橡皮擦工具】的图标便可以显示该组工具中的所有工具。其中大家可以看到除【橡皮擦工具】以外的【背景橡皮擦工具】和【魔术橡皮擦工具】。

1. 橡皮擦工具

使用【橡皮擦工具】可以将图像中的像素擦除。该工具的使用方法非常简单，只要在选择【橡皮擦工具】后，在图像上按下鼠标拖动，即可将鼠标经过的位置擦除，并以背景色或透明色来显示被擦除的部分。在工具箱中单击【橡皮擦工具】后，Photoshop CS6 的选项栏会自动变为【橡皮擦工具】所对应的选项的设置，通过选项栏可以对该工具进行相应的属性设置，如图 5.2.10 所示。

图 5.2.10

其中的各项含义如下：

画笔：用来设置橡皮擦的主直径、硬度和选择画笔样式。

模式：用来设置橡皮擦的擦除方式，包括画笔、铅笔和块。

流量：控制橡皮擦在擦除时的流动频率，数值越大，频率越高。数值范围是0～100%。

涂抹到历史记录：可以在【历史记录】调板中确定要擦除的操作，再勾选【涂抹到历史记录】。

2. 背景橡皮擦工具

使用【背景橡皮擦工具】可以在图像中擦除指定颜色的图像像素，鼠标经过的位置将会变为透明区域。即使在"背景"图层中擦除图像，也会将"背景"图层自动转换成可编辑的普通图层。【背景橡皮擦工具】一般常用于擦除指定图像中的颜色，也可以为图像去掉背景，如图5.2.11所示。

在工具箱中单击【背景橡皮擦工具】后，Photoshop CS6的选项栏会自动变为【背景橡皮擦工具】所对应的选项的设置，通过选项栏可以对该工具进行相应的属性设置，如图5.2.12所示。

图5.2.11

图5.2.12

其中的各项含义如下：

取样：用来设置擦除图像颜色的方式。包括连续、一次和背景色板。连续：可以将鼠标经过的所有颜色作为选择色并对其进行擦除；一次：在图像上需要擦除的颜色上按下鼠标，此时选取的颜色将自动作为背景色，只要不松手即可一直在图像上擦除该颜色区域；背景色板：选择此项后，【背景橡皮擦工具】只能擦除与背景色一样的颜色区域。

限制：用来设置擦除时的限制条件。在【限制】下拉列表中包括：不连续、连续和查找边缘。不连续：可以在选定的色彩范围内多次重复擦除；连续：在选定的色彩范围内只可以进行一次擦除，也就是说必须在选定颜色后连续擦除；查找边缘：擦除图像时可以更好地保留图像边缘的锐化程度。

容差：用来设置擦除图像中颜色的准确度，数值越大，擦除的颜色的范围就越广，输入的数值范围是0～100%。

保护前景色：勾选该复选框后，图像中与前景色一致的颜色将不会被擦除掉。

3. 魔术橡皮擦工具

【魔术橡皮擦工具】的使用方法与【魔棒工具】相类似，不同的是【魔术橡皮擦工具】会直接将自动选取的清除而不是建立选区。【魔术橡皮擦工具】一般用于快速去掉图像的背景。该工具的使用方法非常简单，只要选择要清除的颜色，设置合适的容差值，单击即可将其清除，如图5.2.13所示。

图 5.2.13

（三）油漆桶工具

使用【油漆桶工具】可以为图层、选区或图像颜色相近的区域填充前景色或者图案。通常情况下该工具常用于对图像快速进行前景色或图案填充。使用方法非常简单，只要使用该工具在图像上单击就可以填充前景色或图案。

在工具箱中单击【油漆桶工具】后，Photoshop CS6 的选项栏会自动变为【油漆桶工具】所对应的选项的设置，通过选项栏可以对该工具进行相应的属性设置，如图 5.2.14所示。

图 5.2.14

其中的各项含义如下：

填充：用于为图层、选区或图像选取填充的类型，包括前景和图案。选择前景时：与工具箱中的前景色保持一致，填充时会以前景色进行填充。选择图案时：以预设的图案作为填充对象，只有选择该选项时，后面的【图案拾色器】才会被激活，填充时只要单击倒三角形按钮，即可在打开的【图案拾色器】中选择要填充的图案。

容差：用于设置填充时的填充范围，在选框中输入的数值越小，选取的颜色范围就越窄；输入的数值越大，选取的颜色范围就越广。取值范围是 0～255。

连续的：用于设置填充时的连贯性。

所有图层：勾选该复选框，可以将多图层的文件看作单图层文件进行填充，不受图层限制。

（四）自定义图案

在使用【油漆桶工具】填充图案时，往往会遇到想把打开的素材或素材的一部分作为图案填充到新建的文件中的情况，此时可自定义图案。

任务 3　彩虹的绘制

 任务分析

使用渐变编辑器对要填充的渐变颜色进行详细的编辑，轻松打造彩虹效果。

 任务实现

（1）新建文件：大小为 10 厘米 × 10 厘米，分辨率为 150 像素/英寸，如图 5.3.1 所示。

（2）执行菜单中的【视图/标尺】命令，然后拉出两条辅助线让其在工作区中间相交。

（3）新建"图层 1"，然后选择工具箱中的【椭圆选框工具】 ，将光标移到辅助线相交点，按住 Shift + Alt 键以辅助线交叉点为中心绘制一个正圆，如图 5.3.2 所示。

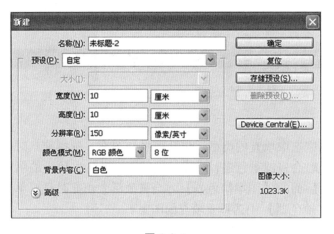
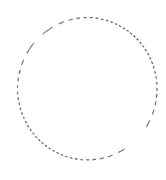

图 5.3.1　　　　　　　　　　　　　　　　　　　　　图 5.3.2

（4）单击【渐变工具】 ，在工具选项栏中点击【渐变条】进入【渐变编辑器】窗口，选择预设栏中的【透明彩虹】，不透明度色标依次设置为 0、30%、50%、80%、50%、30% 和 0，点击【确定】按钮退出渐变编辑，如图 5.3.3 所示。

图 5.3.3　　　　　　　　　　　　　　　　　　　　　图 5.3.4

（5）在工具选项栏中设置渐变样式为【径向渐变】，设置"图层1"为当前层，将光标移到辅助线相交点，沿着圆的半径向外拉出渐变，如图5.3.4所示。

（6）按住Ctrl+图层1缩览图载入选区，按Ctrl+T键变换选区，调整形状如图5.3.5所示。

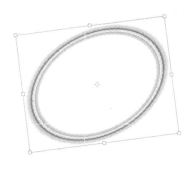

图5.3.5

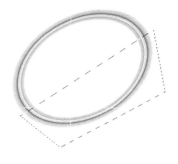

图5.3.6

（7）选择【套索工具】，绘制如图5.3.6所示的选区，执行【选择/修改/羽化】命令，羽化半径设置为10像素，按Delete键三次，取消选区，如图5.3.7所示，把背景填充为浅蓝色，完成彩虹制作，如图5.3.8所示。

图5.3.7

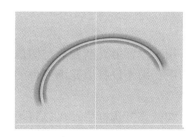

图5.3.8

 知识导读

填充工具

Photoshop CS6中的填充工具被集中在渐变工具组中，使用该组中的工具可以在当前选取的图层或选区中填充渐变色、前景色和图案。右击工具箱中【渐变工具】的图标便可以显示该组中所有的工具。在其中大家可以看到除【渐变工具】以外的【油漆桶工具】和【3D材质拖放工具】。

1. 渐变工具

使用【渐变工具】可以在图像中或选区内填充一个逐渐过渡的颜色，可以是一种颜色过渡到另一种颜色；可以是多种颜色之间的相互过渡；也可以是从一种颜色过渡到透明或从透明过渡到一种颜色。渐变样式千变万化，大体可分为以下五大类：线性渐变、径向渐变、角度渐变、对称渐变和菱形渐变。通常情况下，【渐变工具】可以为图像创建一个绚丽的渐变背景，也可以用于填充渐变色或创建渐变蒙版效果。

在工具箱中单击【渐变工具】后，Photoshop CS6 的选项栏会自动变为【渐变工具】所对应的选项的设置，通过选项栏可以对该工具进行相应的属性设置，如图 5.3.9 所示。

图 5.3.9

其中的各项含义如下：

渐变类型：用于设置不同渐变样式填充时的颜色渐变。

渐变样式：用于设置填充渐变颜色的形式，包括线性渐变、径向渐变、角度渐变、对称渐变和菱形渐变，选择【渐变工具】后在页面中拖动，填充后的效果如图 5.3.10 所示。

图 5.3.10

模式：用来设置填充渐变色与图像之间的混合模式。

不透明度：用来设置填充渐变色的透明度。数值越小，填充的渐变色越透明，取值范围为 0～100%。

反向：勾选该复选框后，可以将填充的渐变颜色顺序反转。

仿色：勾选该复选框后，可以使渐变颜色之间的过渡更加柔和。

透明区域：勾选该复选框后，可以在图像中填充透明蒙版效果。

2. 渐变编辑器

在 Photoshop CS6 中使用【渐变工具】进行填充时，很多时候都想按照自己创造的渐变颜色进行填充，此时就要使用【渐变编辑器】对要填充的渐变颜色进行详细的编辑。【渐变编辑器】的使用方法非常简单，只要选择【渐变工具】后，单击【渐变类型】中的颜色条，就可以打开【渐变编辑器】对话框，如图 5.3.11 所示。

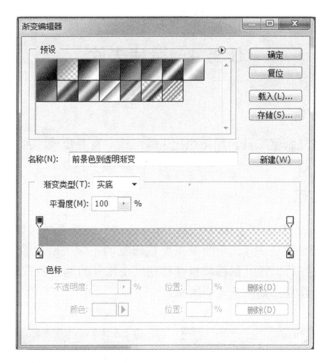

图 5. 3. 11

其中的各项含义如下：

预设：显示当前渐变组中的渐变类型，可以直接选择。

名称：当前选取渐变色的名称，可以自行定义渐变名称。

渐变类型：在【渐变类型】下拉列表中包括实底和杂色。在选择不同类型时参数和设置效果也会随之改变。

平滑度：用来设置颜色过渡时的平滑均匀度，数值越大，过渡越平稳。

色标：用来对渐变色的颜色与不透明度以及颜色和不透明度的位置进行控制的区域，选择【颜色色标】时，可以对当前色标对应的颜色和位置进行设定；选择【不透明色标】时，可以对当前色标对应的不透明度和位置进行设定。

粗糙度：用来设置渐变颜色过渡时的粗糙程度。输入的数值越大，渐变填充就越粗糙，取值范围是 0～100%。

颜色模型：在下拉菜单列表中可以选择的模型包括 RGB、HSB 和 Lab 三种，选择不同模型后，可通过下面的颜色条来确定渐变颜色。

限制颜色：可以降低颜色的饱和度。

增加透明度：可以降低颜色的透明度。

随机化：单击该按钮，可以随机设置渐变颜色。

任务4　黑痣去除

 任务分析

本任务运用【修复画笔工具】简单快捷去除黑痣、青春痘或图片上的污点。

 任务实现

（1）执行菜单【文件/打开】命令或按 Ctrl + O 键，打开素材，如图 5.4.1 所示。

（2）选择【修复画笔工具】，在图像需要被修复的正常皮肤位置按住 Alt 键，单击鼠标设置源文件的选取点后，松开鼠标将指针移动到要修复的地方，按住鼠标跟随目标选取点拖动，便可以轻松修复，如图 5.4.2 所示。

图 5.4.1　　　　　　　　　　　　　　　　图 5.4.2

任务5　去除多余人物

 任务分析

每当节假日出游，在人山人海的风景区抢拍景物，所拍的照片中经常有其他游客的身影。学了【修补工具】以后，拍照再也不用担心有多余的人物了，用该工具可轻松处理掉日常生活照片上多余的人物。

 任务实现

（1）执行菜单【文件/打开】命令或按 Ctrl + O 键，打开素材。

（2）点击【修补工具】，用鼠标绘制选区，如图 5.5.1 所示，按住左键不放向左拖动，用左边图像代替右边的图像，如图 5.5.2 所示，重复拖动，完成效果如图 5.5.3 所示。

（3）用同样的方法把其他人物除去。

（4）用以上相同的方法除去图 5.5.4 左侧的小女孩。

图 5.5.1

图 5.5.2

图 5.5.3

图 5.5.4

任务 6　圈圈页面制作

 任务分析

本任务运用辅助线、渐变编辑器、定义画笔预设、画笔编辑器及【椭圆选框工具】，结合不同参数的设置制作简单的圈圈封面。

 任务实现

（1）新建文件：大小为 10 厘米×10 厘米，如图 5.6.1 所示。

（2）执行菜单中的【视图/标尺】命令，然后拉出两条辅助线让其在工作区中间相交。

（3）新建"图层1"，然后选择工具箱中的【椭圆选框工具】，将光标移到辅助线相交点，按住 Shift + Alt 键，以交叉点为中心绘制一个正圆，如图 5.6.2 所示。

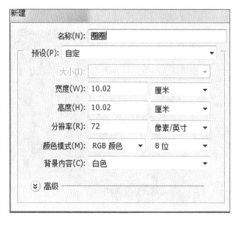

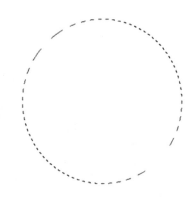

图 5.6.1   图 5.6.2

（4）单击【渐变工具】，调出【渐变编辑器】，自定义一个包含蓝、黄、红的渐变模式；参数设置如图 5.6.3 所示。

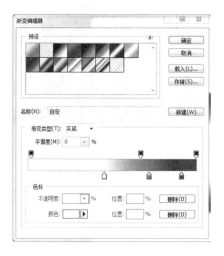

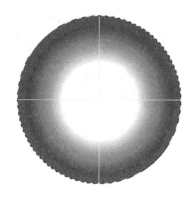

图 5.6.3   图 5.6.4

（5）选中"图层1"，将光标移到辅助线相交点，沿着圆的半径向外拉出渐变，如图5.6.4 所示。

（6）执行【编辑/定义画笔预设】命令，将画笔定义为圈圈，如图 5.6.5 所示。

图 5.6.5

（7）新建大小为 500 像素 ×500 像素，分辨率为 72 像素/英寸的新文件。单击【画笔工具】 ✎，按下快捷键 F5 调出【画笔】面板，各项参数设置如图 5.6.6、图 5.6.7、图5.6.8、图 5.6.9 所示。

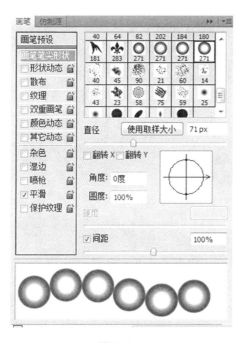

图 5.6.6

图 5.6.7

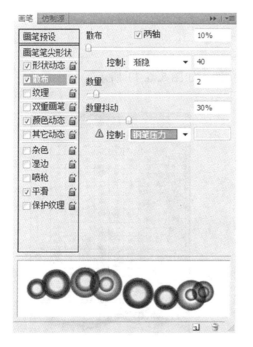

图 5.6.8

图 5.6.9

（8）新建"图层1"，随意画出大小、颜色不一的圈圈，如图5.6.10所示。

图5.6.10

巩固任务

打造魔法效果。

任务分析

运用画笔参数设置、定义画笔预设、图层样式等工具打造魔法效果。

任务实现

（1）新建一个大小为400像素×400像素的文件，如图5.6.11所示。

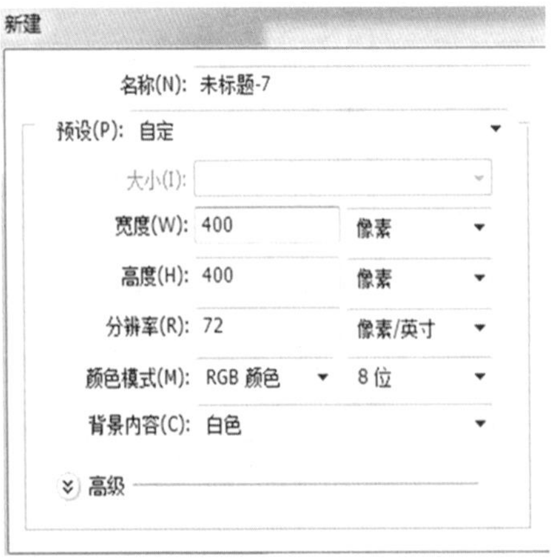

图5.6.11

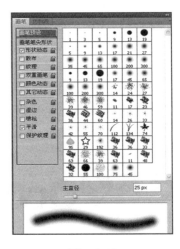

图5.6.12

（2）单击【画笔工具】，按下快捷键 F5 调出【画笔】面板，参数设置如图 5.6.12 所示；调节画笔大小，画出一些大小不一的点，如图 5.6.13 所示。

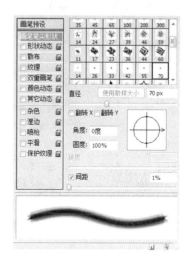

图 5.6.13　　　　　　　　　　图 5.6.14

（3）设置画笔参数如图 5.6.14 所示；调整画笔大小，在"未标题 – 7"文件上再画出一定形状的图形，如图 5.6.15 所示。

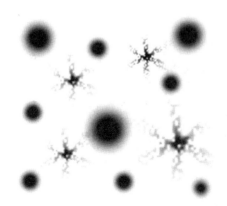

图 5.6.15

（4）执行【编辑/定义画笔预设】命令，如图 5.6.16 所示。

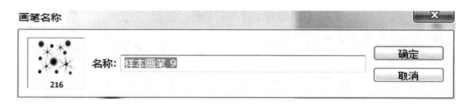

图 5.6.16

（5）返回【画笔】面板，参数设置如图5.6.17、图5.6.18、图5.6.19所示。

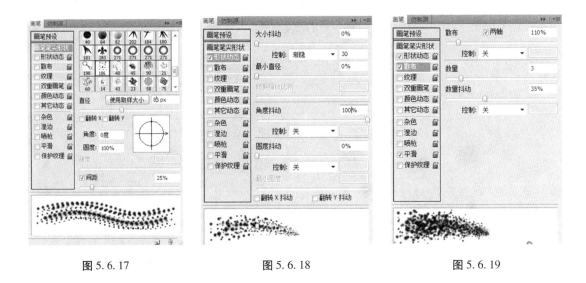

图5.6.17   图5.6.18   图5.6.19

（6）执行【文件/打开】命令，打开文件"魔法.jpg"；新建"图层1"，将前景色设置为白色，调整画笔大小，画出如图5.6.20所示的效果。

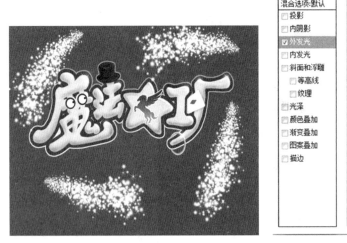 

图5.6.20   图5.6.21

（7）双击"图层1"，调出【图层样式】对话框，设置"外发光"效果，参数设置如图5.6.21所示，效果如图5.6.22所示。

图 5.6.22

 知识导读

（一）修饰图像

在 Photoshop CS6 中修饰图像的方法是多样的，用来修饰图像的工具被分别放置在修复工具组、模糊工具组和减淡工具组中。

1. 污点修复画笔工具

使用【污点修复画笔工具】可以十分轻松地将图像中的瑕疵修复。【污点修复画笔工具】一般常用来快速修复图片或照片。该工具的使用方法非常简单，只要将指针移到要修复的位置，按下鼠标拖动，即可对图像进行修复。在工具箱中单击【污点修复画笔工具】后，Photoshop CS6 的选项栏会自动变为【污点修复画笔工具】所对应的选项的设置，通过选项栏可以对该工具进行相应的属性设置，如图 5.6.23 所示。

图 5.6.23

其中的各项含义如下：

模式：用来设置修复时的混合模式，当选择【替换】选项时，可以保留画笔描边的边缘处的杂色、胶片颗粒和纹理。

近似匹配：勾选【近似匹配】单选项时，如果没有为污点建立选区，则样本自动采用污点外部四周的像素；如果在污点周围绘制选区，则样本采用选区外围的像素。

创建纹理：勾选【创建纹理】单选项时，使用选区中的所有像素创建一个用于修复该区域的纹理。如果纹理不起作用，请尝试再次拖过该区域。

2. 修复画笔工具

使用【修复画笔工具】可以轻松地对被破坏的图片或有瑕疵的图片进行修复。【修复画笔工具】一般用于修复瑕疵图片。使用该工具进行修复时首先要进行取样（取样方法为按住 Alt 键在图像中单击），再使用鼠标在被修复的位置上涂抹。使用样本像素进行修复的同时可以把样本像素的纹理、光照、透明度和阴影与所修复的像素相融合。

【修复画笔工具】的使用方法是只要在需要被修复的图像周围按住 Alt 键，单击鼠标设置源文件的选取点后，松开鼠标将指针移动到要修复的地方，按住鼠标跟随目标选取点拖动，便可以轻松修复。在工具箱中单击【修复画笔工具】后，Photoshop CS6 的选项栏会自动变为【修复画笔工具】所对应的选项的设置，通过选项栏可以对该工具进行相应的属性设置，如图 5.6.24 所示。

图 5.6.24

其中的各项含义如下：

模式：用来设置修复时的混合模式，如果选用【正常】，则使用样本像素进行绘画的同时把样本像素的纹理、光照、透明度和阴影与所修复的像素相融合；如果选用【替换】，则只用样本像素替换目标像素且与目标位置没有任何融合。也可以在修复前先建立一个选区，则选区限定了要修复的范围在选区内而不在选区外。

取样：勾选【取样】后必须按 Alt 键单击取样，并使用当前取样点修复目标。

图案：可以在【图案】列表中选择一种图案来修复目标。

对齐：当勾选该项后，只能用一个固定位置的同一图像来修复。

样本：选择选取复制图像时的源目标点。包括当前图层、当前图层和下方图层与所有图层三种。

忽略调整图层：单击该按钮，在修复时可以将调整图层忽略。

3. 修补工具

【修补工具】会将样本像素的纹理、光照和阴影与源像素进行匹配。【修补工具】修复的效果与【修复画笔工具】类似，只是使用方法不同，该工具的使用方法是通过创建的选区来修复目标或源。该工具常用于快速修复瑕疵较少的图片。在工具箱中单击【修补工具】后，Photoshop CS6 的选项栏会自动变为【修补工具】所对应的选项的设置，通过选项栏可以对该工具进行相应的属性设置，如图 5.6.25 所示。

图 5.6.25

其中的各项含义如下：

源：指要修补的对象是现在选中的区域。

目标：与【源】相反，要修补的是选区被移动后到达的区域而不是移动前的区域。

透明：如果不选该项，则被修补的区域与周围图像只在边缘上融合，而内部图像纹理保留不变，仅在色彩上与原区域融合；如果选中该项，则被修补的区域除边缘融合外，还有内部的纹理融合，即被修补区域好像做了透明处理。

使用图案：单击该按钮，被修补的区域将会以后面显示的图案来修补。

4. 红眼工具

使用【红眼工具】可以将在数码相机照相过程中产生的红眼睛效果轻松去除，并使其与周围的像素相融合。该工具的使用方法非常简单，只要在红眼上单击鼠标即可将红眼去掉。在工具箱中单击【红眼工具】后，Photoshop CS6 的选项栏会自动变为【红眼工具】所对应的选项的设置，通过选项栏可以对该工具进行相应的属性设置，如图 5.6.26 所示。

图 5.6.26

其中的各项含义如下：

瞳孔大小：用来设置眼睛的瞳孔或中心的黑色部分的比例大小，数值越大，黑色范围越广。

变暗量：用来设置瞳孔的变暗量，数值越大，瞳孔越暗。

5．减淡工具

【减淡工具】可以改变图像中的亮调与暗调。原理来源于胶片曝光显影后，经过部分暗化和亮化可改变曝光效果。【减淡工具】一般常用于为图片中的某部分像素加亮。该工具的使用方法是，在图像中拖动鼠标，鼠标经过的位置就会被加亮。

在工具箱中单击【减淡工具】后，Photoshop CS6 的选项栏会自动变为【减淡工具】所对应的选项的设置，通过选项栏可以对该工具进行相应的属性设置，如图 5.6.27 所示。

图 5.6.27

其中的各项含义如下：

范围：用于对图像进行减淡时的范围选取，包括阴影、中间调和高光。选择【阴影】时，加亮的范围只局限于图像的暗部；选择【中间调】时，加亮的范围只局限于图像的灰色调；选择【高光】时，加亮的范围只局限于图像的亮部。

曝光度：用来控制图像的曝光强度。数值越大，曝光强度就越明显。建议在使用减淡工具时尽量将曝光度设置得小一些。

保护色调：对图像进行减淡处理时，可以对图像中存在的颜色进行保护。

6．加深工具

【加深工具】正好与【减淡工具】相反，使用该工具可以将图像中的亮度变暗。

7．海绵工具

【海绵工具】可以精确地更改图像中某个区域的色相和饱和度。当增加颜色的饱和度时，其灰度就会减少，图像的色彩会更加浓烈；当降低颜色的饱和度时，其灰度就会增加，图像的色彩会变为灰度值。【海绵工具】一般常用于为图片中的某部分像素增加颜色或去除颜色。该工具的使用方法是，在图像中拖动鼠标，鼠标经过的位置就会被加色或去色。在工具箱中单击【海绵工具】后，Photoshop CS6 的选项栏会自动变为【海绵工具】所对应的选项的设置，通过选项栏可以对该工具进行相应的属性设置。

其中的各项含义如下：

模式：用于对图像进行加色或去色设置的选项，下拉列表中包括降低饱和度和饱和。

自然饱和度：灰色调到饱和色调的调整，用于提升不够饱和度的图片，可以调整出非常优雅的灰色调。

8. 模糊工具

【模糊工具】可以对图像中被拖动的区域进行柔化处理，使其显得模糊。原理是降低像素之间的反差。【模糊工具】常用来模糊图像，使用方法是在图像中拖动鼠标，鼠标经过的像素就会变得模糊。

在工具箱中单击【模糊工具】后，Photoshop CS6 的选项栏会自动变为【模糊工具】所对应的选项的设置，通过选项栏可以对该工具进行相应的属性设置，如图 5.6.28 所示。

图 5.6.28

其中的"强度"含义如下：

强度：用于设置【模糊工具】对图像的模糊程度，设置的数值越大，模糊的效果就越明显。

9. 锐化工具

【锐化工具】的功能正好与【模糊工具】相反，它可以增加图像的锐化度，使图像看起来更加清晰。原理是增强像素之间的反差。

10. 涂抹工具

【涂抹工具】在图像上涂抹产生的效果就像使用手指在未干的油漆内涂抹一样，会将颜色进行混合或产生水彩般的效果。【涂抹工具】一般常用于对图像的局部进行涂抹修整。该工具的使用方法是，在图像中拖动鼠标，鼠标经过的像素会跟随鼠标移动。

在工具箱中单击【涂抹工具】后，Photoshop CS6 的选项栏会自动变为【涂抹工具】所对应的选项的设置，通过选项栏可以对该工具进行相应的属性设置，如图 5.6.29 所示。

图 5.6.29

其中的各项含义如下：

强度：用来控制涂抹区域的长短，数值越大，该涂抹点会越长。

手指绘画：勾选此项，涂抹图片时的痕迹将会是前景色与图像的混合涂抹。

（二）画笔工具

【画笔工具】可以将预设的笔尖图案直接绘制到当前的图像中，也可以将其绘制到新建的图层内。【画笔工具】一般常用于绘制预设画笔笔尖图案或绘制不太精确的线条。该工具的使用方法与现实中的画笔较相似，只要选择相应的画笔笔尖后，在文档中按下鼠标进行拖动，便可以进行绘制，被绘制的笔触颜色以前景色为准，如图 5.6.30 所示。

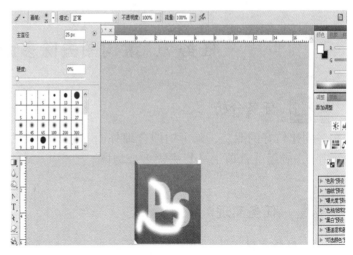

图 5. 6. 30   图 5. 6. 31

在工具箱中单击【画笔工具】后，Photoshop CS6 的选项栏会自动变为【画笔工具】所对应的选项的设置，通过选项栏可以对该工具进行相应的属性设置，如图 5.6.31 所示。

其中的各项含义如下：

喷枪：单击【喷枪】按钮后，【画笔工具】在绘制图案时将具有喷枪功能。

画笔调板：单击该按钮后，系统会自动打开如图 5.6.32 所示的【画笔】调板，从中可以对选取的笔触进行更精确的设置。

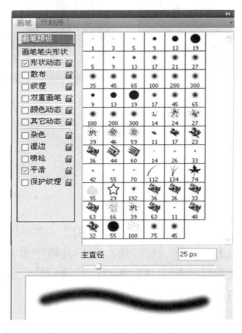

图 5. 6. 32

任务 7　重构图去除多余物体

 任务分析

一副比较好的照片，除了构图合理外，不能有多余的人物或多余的物体（如电线杆、电线等），应用【裁剪工具】去除多余物体。

 任务实现

（1）打开素材文件，如图 5.7.1 所示。

（2）选择【裁剪工具】 ，按住鼠标左键不放，拖曳，按 Enter 键完成多余部分的裁切，如图 5.7.2 所示。

（3）按 Ctrl + S 键保存重构图像。

图 5.7.1

图 5.7.2

 知识导读

（一）铅笔工具

【铅笔工具】的使用方法与【画笔工具】大致相同。该工具能够真实地模拟铅笔绘制出的曲线，铅笔绘制的图像边缘较硬、有棱角。在工具箱中单击【铅笔工具】后，Photoshop CS6 的选项栏会自动变为【铅笔工具】所对应的选项的设置，通过选项栏可以对该工具进行相应的属性设置，如图 5.7.3 所示。

图 5.7.3

其中的"自动涂抹"含义如下：

自动涂抹：自动抹除是【铅笔工具】的特殊功能。当勾选该项后，如果在与前景色一致的颜色区域拖动鼠标，所拖动的痕迹将以背景色填充；如果在与前景色不一致的颜色区域拖动鼠标，所拖动的痕迹将以前景色填充，如图 5.7.4 所示。

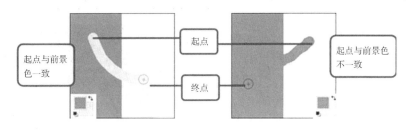

图 5.7.4

（二）颜色替换工具

使用【颜色替换工具】可以十分轻松地将图像中的颜色按照设置中的【模式】替换成前景色。该工具一般常用于快速替换图像中的局部颜色。在工具箱中单击【颜色替换工具】后，Photoshop CS6 的选项栏会自动变为【颜色替换工具】所对应的选项的设置，通过选项栏可以对该工具进行相应的属性设置，如图 5.7.5 所示。

图 5.7.5

其中的"模式"含义如下：

模式：用来设置替换颜色时的混合模式，包括色相、饱和度、颜色和明度。

（三）裁剪工具组

1. 裁剪工具

【裁剪工具】可以对当前编辑的图像进行精确的剪切。在该选项栏中，可以对裁切区域的处理方式、裁剪参考线的类型及屏幕裁剪区域的颜色进行设置。同时，注意旁边有个【透视】选项，在选项栏的左端专门设置了一个设定裁剪比例的控件；此外，还增加了拉直图像的控件（与【标尺工具】中的相应功能相同）；裁剪参考线的类型更加多样，极大地方便了后期构图瓣调整；保留区域与裁切区域的显示方式也更加灵活多样，属性设置如图 5.7.6 所示。

图 5.7.6

其中的各项含义如下：

裁剪比例的控件：用来固定裁切后图像的尺寸、分辨率大小和固定比例。

拉直图像的控件：与标尺工具中的相应功能相同。

视图：包含了三等分、网格、对角、三角形和黄金比例等。

设置其他裁剪选项：包含了使用经典模式启用裁剪屏蔽和不透明度设置。

2．透视裁剪工具

【透视裁剪工具】 可以对裁剪框进行扭曲变形设置和缩放以及旋转操作。

3．切片工具

使用【切片工具】可以将当前图像分成若干个小图像区域，当把图片放在网页时，每个切片都可以作为一个独立的文件存储。【切片工具】主要应用于制作网页中，把一个大图片切成多个小图片，这样从网上下载或打开拥有图片的网页时速度都会变快。切片的创建方法与【矩形选框工具】绘制矩形选区的方法相似，如图5.7.7所示。选择【切片工具】后，选项栏中会显示针对该工具的一些属性设置，如图5.7.8所示。

图5.7.7

图5.7.8

其中的各项含义如下：

样式：用来设置创建切片的方法，包括正常、固定大小和固定长宽比。

宽度/高度：用来固定切片的大小或比例。

基于参考线的切片：按照创建参考线的边缘建立切片。

4．切片选择工具

使用【切片选择工具】可以对已经创建的切片进行链接与调整编辑。选择【切片选择工具】后，选项栏中会显示针对该工具的一些属性设置，如图5.7.9所示。

图5.7.9

其中的各项含义如下：

切片顺序：用来设置当前切片的叠放顺序，从左到右依次表示的意思是置于顶层、上移一层、下移一层和置于底层。

提升：用来将未形成的虚线切片转换成正式切片，该选项只有在未形成的切片上单击，直至出现虚线的切片时，才可以被激活。单击按钮后，虚线切片会变成当前的用户切片。

划分：对切片进行进一步的划分，单击此按钮会弹出【划分切片】对话框。

水平划分为：水平均匀分割当前切片。

图 5.7.10

垂直划分为：垂直均匀分割当前切片。

隐藏自动切片：单击该按钮，可以将未形成切片的虚线隐藏或显示。

切片选项：单击该按钮可以打开当前切片的【切片选项】对话框，在其中可以设置相应的参数，如图5.7.10 所示。

切片类型：输出切片的设置，包括图像、无图像和表。

名称：显示当前选择的切片名称，也可以自行定义。

URL：在网页中单击当前切片可以链接的网址。

目标：设置打开网页的方式，如_ blank。

信息文本：在网页中当鼠标移动到当前切片上时，网络浏览器下方信息行中显示的内容。

Alt 标记：在网页中当鼠标移动到当前切片上时，弹出的提示信息。当网络上不显示图片时，图片位置将显示【Alt 标记】框中的内容。

尺寸：X 和 Y 代表当前切片的坐标，W 和 H 代表当前切片的宽度和高度。

切片背景类型：设置切片背景在网页中的显示类型。在下拉菜单中包括无、杂色、白色、黑色和其他。当选择【其他】选项时，会弹出【拾色器】对话框，在对话框中可设置切片背景的颜色。

（四）吸管工具组

吸管工具组中的工具可以完成对图像中具体位置颜色的设置、查看图像的长短和角度以及对当前图像的文字批注，右击【吸管工具】会显示该组中的所有工具，其中包含【吸管工具】、【3D 材质吸管工具】、【颜色取样器工具】、【标尺工具】、【注释工具】和【计数工具】。

1. 吸管工具

使用【吸管工具】可以将图像中的某个像素点的颜色，定义为前景色或背景色。使用方法非常简单，只要选择【吸管工具】在需要的颜色像素上单击即可，此时在【信息】调板中会显示当前颜色的信息，如图5.7.11 所示。

图 5.7.11

选择【吸管工具】后，选项栏中会显示针对该工具的一些属性设置，如图 5.7.12 所示。

图 5.7.12

其中的各项含义如下：

取样大小：用来设置取色范围，包括取样点、3×3 平均、5×5 平均、11×11 平均、31×31 平均、51×51 平均和 101×101 平均。

样本：用来设置吸管取样颜色所在图层，该选项只适用于多图层图像。

2．颜色取样器工具

使用【颜色取样器工具】最多可以定义 4 个取样点，其在颜色调整过程中起着非常重要的作用，四个取样点会同时显示在【信息】调板中，如图 5.7.13 所示。

图 5.7.13

选择【颜色取样器工具】后，选项栏中会显示针对该工具的一些属性设置，如图 5.7.14 所示。

图 5.7.14

其中的"清除"含义如下：

清除：设置取样点后，单击该按钮，可以将取样点删除。

3．标尺工具

使用【标尺工具】可以精确地测量图像中任意两点之间的距离和度量物体的角度。

选择【标尺工具】后，选项栏中会显示针对该工具的一些属性设置，如图 5.7.15 所示。

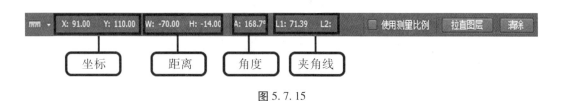

图 5.7.15

其中的各项含义如下：

坐标：用来显示测量线起点的纵横坐标值。

距离：用来显示测量线起点与终点的水平和垂直距离。

角度：用来显示测量线的角度。

夹角线：用来显示第一条和第二条测量线的长度。

4．注释工具

使用【注释工具】可以在图像上增加文字注释，可以起到对图像的说明与提示作用。选择【注释工具】后，选项栏中会显示针对该工具的一些属性设置，如图5.7.16所示。

图 5.7.16

其中的各项含义如下：

作者：在此文本框中输入作者的名字，在图像中添加注释后，作者的名字将会出现在注释框上方的标题栏中。

颜色：此项可以控制注释图框的颜色。

清除全部：单击此按钮可以将图像中存在的注释全部删除。

批注调板：单击该按钮会弹出【批注】调板。

（五）缩放工具

使用【缩放工具】可以对图像进行放大或缩小，便于编辑图像的某一部分，使用该工具在图像上单击即可完成图像的缩放。选择【缩放工具】后，选项栏中会显示针对该工具的一些属性设置，如图5.7.17所示。

图 5.7.17

其中的各项含义如下：

放大/缩小：单击【放大】或【缩小】按钮，即可执行对图像的放大或缩小。

调整窗口大小以满屏显示：勾选此复选框，对图像进行放大或缩小时图像会始终以满屏显示；不勾选此复选框，系统在调整图像适配至满屏时，会忽略控制面板所占的空间，使图像在工作区内尽可能地放大显示。

缩放所有窗口：勾选该复选框后，可以将打开的多个图像一同缩放。

（六）抓手工具组

在抓手工具组中的工具可以将图像在显示范围内平移和旋转，右击【抓手工具】即可显示出该组中的所有工具，其中包含【抓手工具】和【旋转视图工具】。

1．抓手工具

使用【抓手工具】可以在图像窗口中移动整个画布，移动时不影响图像的位置。选择【抓手工具】后，选项栏中会显示针对该工具的一些属性设置，如图5.7.18所示。

图 5.7.18

其中的各项含义如下：

滚动所有窗口：使用【抓手工具】可以移动打开的所有窗口中的图像画布。

实际像素：画布将以实际像素显示，也就是100%的比例显示。

适合屏幕：画布将以最合适的比例显示在文档窗口中。

最大窗口：画布将以工作窗口的最大化显示。

打印尺寸：画布将以打印尺寸显示。

2. 旋转视图工具

使用【旋转视图工具】可以将工作图像进行随意旋转，按任意角度实现无扭曲查看，绘图和绘制过程中无须再转动脑袋。选择【旋转视图工具】后，选项栏中会显示针对该工具的一些属性设置，其中的各项含义如下：

旋转角度：用来设置对画布旋转的固定数值。

复位视图：单击该按钮，可以将旋转的画布复原。

旋转所有窗口：勾选该复选框，可以将多个打开的图像一同旋转。

任务 8　证件照的制作

任务分析

日常生活中经常要使用各种各样的照片，由此经常要跑照相馆，浪费了大量的时间和精力。在本任务中，只要你手上有一部相机或一部手机，再加一堵白墙，运用图像大小设置、画布大小、图案定义、图案填充、相片尺寸大小设置及【裁剪工具】轻松制作各类证件照片。

任务实现

（1）执行菜单【文件/打开】命令或按 Ctrl + O 键，打开人物素材。

（2）点击【裁剪工具】 ，设置选项栏属性，参数如图 5.8.1 所示，移动选框裁剪上下左右多余的部分；设置选项栏属性，参数如图 5.8.2 所示，移动选框制作出一寸大小的证件照。

图 5.8.1

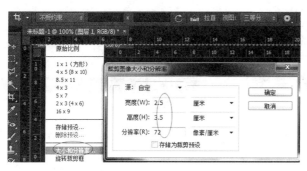

图 5.8.2   图 5.8.3

（3）选择【磁性套索工具】，选出人物背景部分，如图 5.8.3 所示，选择【选择/修改/羽化】命令，参数设置如图 5.8.4 所示，按 Delete 键两次把背景去除，再用【橡皮擦工具】把背景擦净。

图 5.8.4   图 5.8.5

（4）按 Ctrl + J 键复制出"背景副本"图层，设置前景色为红色（#f40909），选择【油漆桶工具】把背景填充为红色，如图 5.8.5 所示，按 Ctrl + E 键合并图层。

（5）制作白色裁剪线，执行【图像/画布大小】命令，把【宽度】和【高度】分别放大 0.05 厘米，如图 5.8.6 所示。

（6）执行【编辑/定义图案预设】命令，把一英寸照片定义为图案，如图 5.8.7 所示。

图 5.8.6   图 5.8.7

（7）执行【文件/新建】命令，参数设置如图5.8.8所示。

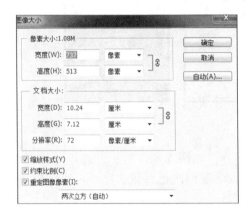
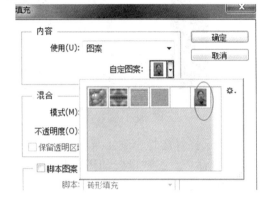

图5.8.8　　　　　　　　　　　　　图5.8.9

（8）执行【编辑/填充】命令，选择【图案】，如图5.8.9所示，单击【确定】按钮完成填充，效果如图5.8.10所示。

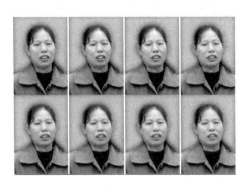

图5.8.10

 巩固任务

儿童画绘制。

 任务分析

本任务通过对画笔参数的预设，设置出云雾形状的画笔，结合【渐变工具】、【羽化工具】、【油漆桶工具】等工具来绘制儿童画。

 任务实现

（1）执行【文件/新建】命令，参数设置如图5.8.11所示。

图 5.8.11

图 5.8.12

（2）新建"图层 1"，将前景色设置为蓝色（#688fb9）；单击【渐变工具】 ，调出【渐变编辑器】，参数设置如图 5.8.12、图 5.8.13 所示。

图 5.8.13

（3）按住 Shift 键，在画面中按住鼠标左键由上向下拖曳鼠标，拖曳 2/3 的距离后放开鼠标，填充渐变色，如图 5.8.14 所示。

图 5.8.14

图 5.8.15

（4）在选项栏中将不透明度设置为 30%，图层混合模式设置为【正常】，按住 Shift 键，在画面中按住鼠标左键由下向上拖曳鼠标，拖曳大约 1/3 的距离后放开鼠标，填充渐变色，如图 5.8.15 所示。

（5）单击【画笔工具】 ，按下快捷键 F5 调出【画笔】面板，参数设置如图 5.8.16、图 5.8.17 所示。

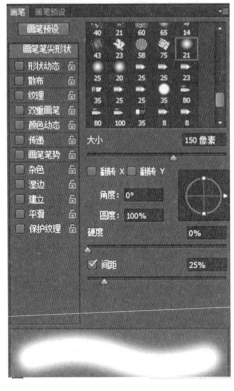 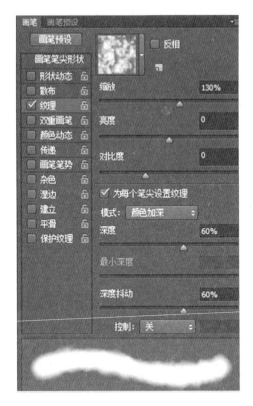

图 5.8.16   图 5.8.17

（6）新建"图层2"，将工具箱中的前景色设置为白色（#ffffff），在画面中按下鼠标左键并拖曳鼠标，绘制出白云效果，如图 5.8.18 所示。

 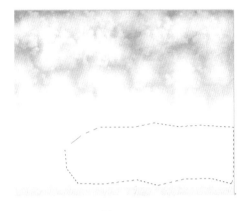

图 5.8.18   图 5.8.19

（7）新建"图层3"，单击【多边形套索工具】 ，在画面中绘制出如图 5.8.19 所示的选区，作为绘制草地的区域。

（8）执行【选择/修改/羽化】命令，参数设置如图 5.8.20 所示；将前景色设置为纯黄绿色（#009f3c），用【油漆桶工具】 将前景色填充至草地区域，如图 5.8.21 所示。

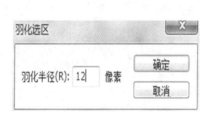

图 5.8.20

图 5.8.21

（9）将前景色设置为纯黄色（#f8f400），单击【图层】面板左上角的【锁定透明像素】按钮，将"图层3"的透明像素锁定。

（10）单击工具箱中的【画笔工具】，按下快捷键F5调出【画笔】面板，将参数设置为如图5.8.22所示，然后设置选项栏中的不透明度为20%。

（11）将鼠标光标移到画面中，沿草地边缘按下鼠标左键并拖曳鼠标，画出如图5.8.23所示的黄色边缘。

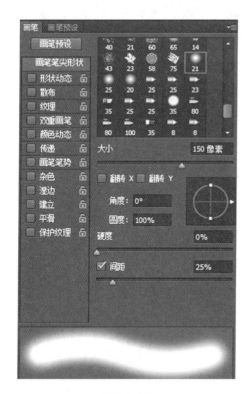

图 5.8.22

图 5.8.23

（12）按下快捷键F5调出【画笔】面板，设置各项参数如图5.8.24、图5.8.25所示。

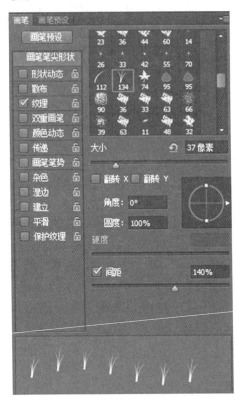

图 5.8.24

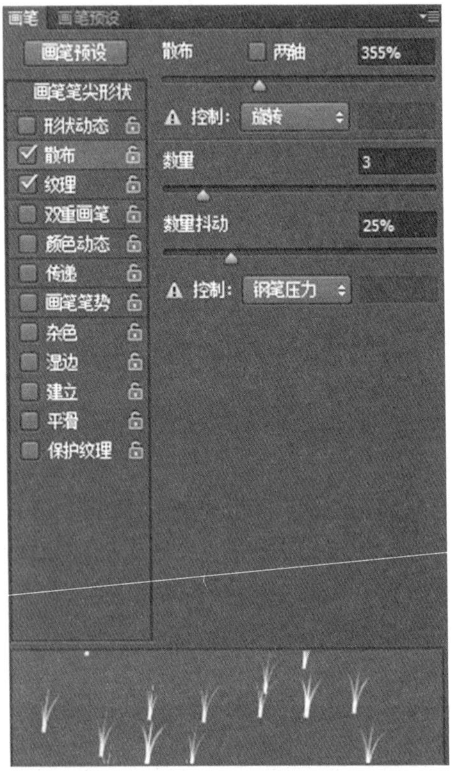

图 5.8.25

（13）将工具箱中的前景色设置为深绿色（#007520），新建"图层4"，将光标移到画面中的草地上，绘制出如图5.8.26所示的效果。

（14）执行【文件/打开】命令，打开素材文件"房子.psd"和"兔子.psd"，使用【移动工具】将其拖到画面中，使用Ctrl+T键调整图片的大小，最后执行【编辑/变换/水平翻转】命令，对兔子进行翻转，如图5.8.27所示。

图 5.8.26

图 5.8.27

（15）选中"图层3"，单击工具箱中的【加深工具】，选项栏设置如图5.8.28所示；将光标移到房子右边的草地上，画出房子的阴影，如图 5.8.29 所示。

图 5.8.28

图 5.8.29

项目六　图层样式与蒙版制作

 项目描述

　　本项目引领读者了解 Photoshop CS6 的图层和蒙版的概念、种类和作用，指导读者运用图层样式制作各式各样的特效（例如：按钮、特效文字）；运用图层蒙版进行图像的合成（例如：封面制作、魔方制作等）。

 任务目标

◆熟练掌握图层控制面板的使用
◆掌握图层的编辑操作
◆掌握图层样式的设置应用
◆掌握蒙版的基本操作和应用

任务 1　新建背景图层和常规图层

 任务分析

掌握背景图层和常规图层的创建方法。

 任务实现

　　（1）新建背景图层：当画布窗口内没有背景图层时，单击选中一个图层，再单击【图层/新建/图层背景】命令，即可将当前的图层转换为背景图层。
　　（2）新建常规图层：创建常规图层的方法很多，如图 6.1.1 所示为其中的一种方法。

图 6.1.1

任务 2 新建填充图层和调整图层

 任务分析

掌握填充图层和调整图层的创建方法。

 任务实现

（1）新建填充图层：单击【图层/新建填充图层】命令，调出其子菜单，如图 6.2.1 所示。单击子菜单中的相应菜单命令，可调出【新建图层】对话框。利用它可以设置图层名称、【图层】调板内图层的颜色、模式和不透明度等。单击【确定】按钮，可调出相应的对话框，再进一步进行颜色、渐变色或图案的设置。然后单击【确定】按钮，即可创建一个填充图层。

图 6.2.1

（2）新建调整图层：单击【图层/新建调整图层】菜单命令，调出其子菜单，再单击子菜单中相应的菜单命令，如图 6.2.2 所示，可调出【新建图层】对话框。利用它可以设置图层名称、【图层】面板内图层的颜色、模式和不透明度等。单击【确定】按钮，可调出相应的对话框，再进一步进行色阶、色彩平衡或亮度和对比度的设置。设置完成后，单击【确定】按钮，即可创建一个调整图层。

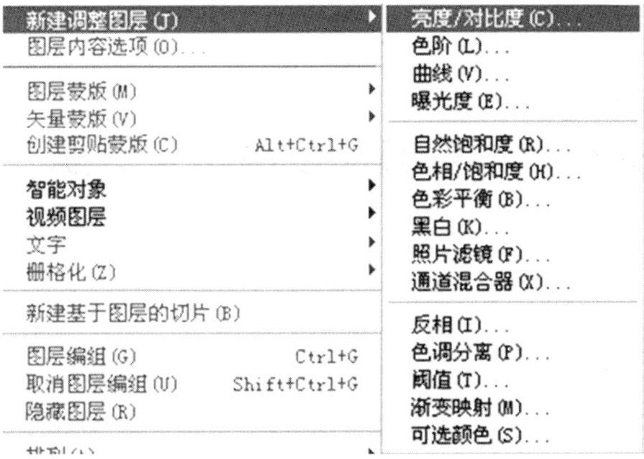

图 6.2.2   图 6.2.3

（3）新建填充图层和调整图层还可以采用如图6.2.3所示的方法。

（4）调整填充图层和调整图层的内容：调整填充图层和调整图层中内容的方法如图6.2.4所示。

图6.2.4

如果当前图层是【亮度/对比度】调整图层，则调出【亮度/对比度】对话框，如图6.2.5所示，如果当前图层是填充图层，则调出【渐变填充】对话框，如图6.2.6所示。利用该调板可以调整填充图层和调整图层的内容，但对于调整图层则只能调整色相和饱和度。

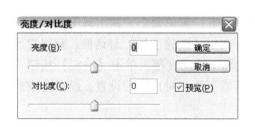

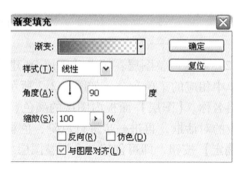

图6.2.5   图6.2.6

任务3　背景图层与普通图层的相互转换

 任务分析

掌握背景图层与普通图层的相互转换。

 任务实现

（1）背景图层转换为普通图层。

方法一：执行【图层/新建/图层背景】命令，在弹出的【新图层】对话框中可以给新图层设置名称、颜色、图层模式和不透明度等。

方法二：双击背景图层缩览图，调出【图层属性】对话框，如图6.3.1所示。

图 6.3.1

（2）普通图层转换为背景图层：执行【图层/新建/图层背景】命令。

任务4　牵手2016文字制作

 任务分析

应用移动图层、栅格化图层、图层顺序改变、合并图层和图层样式轻松制作牵手文字。

 任务实现

（1）新建一个宽度为600像素，高度为400像素，分辨率为150像素/英寸，颜色模式为RGB的文件。

（2）在工具箱中选择【文本工具】，在其属性对话框中，设置字体为幼圆，字号大小为150，颜色为蓝色（#0e64f1）。在新图像中输入数字"2"。

（3）使用相同的方法分别输入"0""1"和"6"，颜色分别为绿色（#49f10e）、青色（#1aedfa）、黄色（#f1c90e）；适当调整数字的形状、大小和位置，把4个数字分别放在4个不同的图层里。

（4）调整各个图层之间的位置关系，使相邻各个数字相互重叠，并处于同一水平线上，如图6.4.1所示。

图 6.4.1

（5）设置"文字2"图层为当前层，选择【图层/栅格化/文字】命令，将文字图层栅格化为普通图层，用同样的方法把其他文字图层栅格化。

（6）选用【矩形选框工具】，框选数字"2"的上半部分，如图6.4.2所示，按 Ctrl + X 键剪下上半部分；然后按 Ctrl + V 键粘贴产生新的"图层1"，即把图层一分为二。调整新图层的位置使数字"2"相对完整，如图6.4.3所示。

图6.4.2   图6.4.3

（7）接着调整新图层的顺序，把数字"2"上半部分的图层拖到数字"0"图层的上方，让数字"2"和数字"0"牵连，如图6.4.4所示，完成牵连效果。

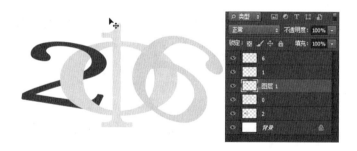

图6.4.4

（8）用与步骤（6）相同的方法，把数字图层"1"和"6"都一分为二，调整图层顺序使它们牵连在一起，数字"0"可不做处理，如图6.4.5所示。

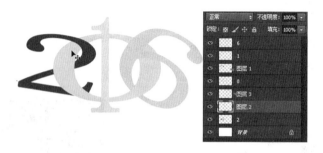

图6.4.5

（9）单击"背景"图层前的眼睛隐藏"背景"图层，选择图层面板右下角的 ▾≡ 按键展开下拉菜单，选择【合并可见图层】，如图6.4.6所示。

图 6.4.6

（10）选择【图层】菜单中的【图层样式】命令，执行【斜面和浮雕】命令，给数字所在的图层添加"斜面和浮雕"效果，参数设置如图 6.4.7 所示。

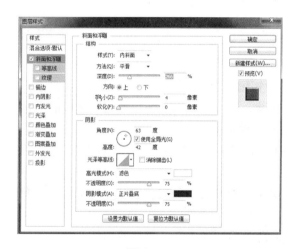

图 6.4.7

图 6.4.8

（11）设置前景色为红色（#f10e39），打开"背景"图层前的眼睛，填充背景色为红色，按 Ctrl + S 键保存文件，文件命名为"牵手 2016. psd"，如图 6.4.8 所示。

知识导读

创建图层和编辑图层

1. 图层概念

（1）图层的基本概念和【图层】调板。图层可以看成是一张张透明胶片。当有多个图像的图层叠加在一起时，可以看到各图层图像叠加的效果，通过上边图层内图像透明处可以看到下面的图层中的图像。图层有利于实现图像的分层管理和处理，可以分别对不同图层的图像进行加工处理，而不会影响其他图层内的图像。各图层相互独立，但又相互联系，可以将各图层进行随意的合并操作。在同一个图像文件中，所有图层具有相同的画布大小、分辨率等属性。各图层可以合并后输出，也可以分别输出。

图 6.4.9

图层的原理：图层与图层之间并不等于完全的白纸与白纸的重合，图层的工作原理类似于在印刷上使用的一张张重叠在一起的醋酸纤纸，透过图层中透明或半透明区域，你可以看到下一图层相应区域的内容，如图 6.4.9 所示。

Photoshop 中的图层有 6 种类型：

普通图层：普通图层的主要功能是存放和绘制图像，普通图层可以有不同的不透明度。

背景图层：背景图层位于图像的最底层，它是不透明的，一个图像文件只有一个背景图层。

填充/调整图层：填充/调整图层主要用于存放图像的色彩调整信息。

文字图层：文字图层只能输入与编辑文字内容。

蒙版层：主要用来建立特殊的选区。

形状图层：形状图层主要用于存放矢量形状信息。

【图层】调板是用来管理图层的。【图层】调板如图 6.4.10 所示。

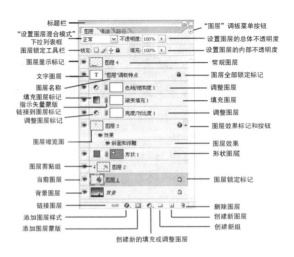

图 6.4.10

其中的部分含义如下：

图层混合模式：用来设置当前图层中图像与下面图层图像的混合效果。

不透明度：用来设置当前图层的透明程度。

锁定透明像素：图层透明区域将会被锁定，此时图层中的不透明部分可以被移动并可以对其进行编辑，例如使用【画笔工具】在图层上绘制时只能在有图像的地方绘制。

锁定图像像素：图层内的图像可以被移动和变换，但是不能对该图层进行填充、调整或应用滤镜。

锁定位置：图层内的图像是不能被移动的，但是可以对该图层进行编辑。

锁定全部：用来锁定图层的全部编辑功能。

调板菜单：单击可弹出【图层】调板的编辑菜单，用于在图层中的编辑操作。

图层的显示与隐藏：单击即可将图层在显示与隐藏之间转换。

图层：用来显示【图层】调板中可以编辑的各种图层。

链接图层：可以将选中的多个图层进行链接。

添加图层样式：单击可弹出【图层样式】下拉列表，在其中可以选择相应的样式到图层中。

添加图层蒙版：单击可为当前图层创建一个蒙版。

新建填充或调整图层：单击可在下拉列表可以选择相应的填充或调整命令，之后会在【调整】调板中进行进一步的编辑。

新建图层组：单击会在【图层】调板新建一个用于放置图层的组。

新建图层：单击会在【图层】调板新建一个空白图层。

删除图层：单击可以将当前图层从【图层】调板中删除。

（2）创建图层有以下 3 种方法：

方法一：执行【图层/新建/图层】命令。

方法二：单击【图层】调板菜单，在弹出菜单中选择【新图层】命令，打开【图层属性】对话框，确定即可。

方法三：单击【图层】调板下方的【创建新图层】按钮，直接新建一个空白的普通图层。

2．编辑图层

（1）图层的移动：在【图层】调板中选中该图层，选择【移动工具】，直接拖动该图层即可。

（2）图层的排列：在【图层】调板内，用鼠标上下拖曳图层，可调整图层的相对位置；单击【图层/排列】菜单命令，调出其子菜单，再单击子菜单中的菜单命令，可以移动当前图层，如图 6.4.11 所示。

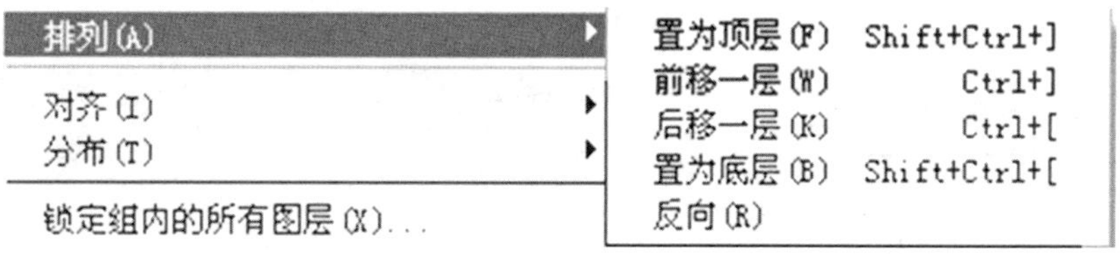

排列(A)	▶	置为顶层(F)	Shift+Ctrl+]
		前移一层(W)	Ctrl+]
对齐(I)	▶	后移一层(K)	Ctrl+[
分布(T)	▶	置为底层(B)	Shift+Ctrl+[
锁定组内的所有图层(X)...		反向(R)	

图 6.4.11

（3）图层有以下6种合并方法：

拼合图像：可以将多图层图像以可见图层的模式合并为一个图层，被隐藏的图层将会被删除，执行菜单【图层/拼合图像】命令，可以弹出警告对话框，单击【确定】按钮，即可完成拼合。

向下合并图层：可以将当前图层与下面的一个图层合并，执行菜单【图层/合并图层】命令或按 Ctrl + E 键，即可完成当前图层与下一图层的合并。

合并所有可见图层：可以将调板中显示的图层合并为一个单一图层，隐藏图层不被删除，执行菜单【图层/合并可见图层】命令或按 Shift + Ctrl + E 键，即可将显示的图层合并。

合并选择的图层：可以将调板中选择的图层合并为一个图层，方法是选择两个以上的图层后，执行菜单【图层/合并图层】命令或按 Ctrl + E 键，即可将选择的图层合并为一个图层。

盖印图层：可以将调板中显示的图层合并到一个新图层中，原来的图层还存在。按 Ctrl + Shift + Alt + E 键，即可执行盖印功能。

合并图层组：可以将整组中的图像合并为一个图层。在【图层】调板中选择组图层后，执行菜单【图层/合并组】命令，即可将图层组中的所有图层合并为一个单独图层。

（4）改变图层的不透明度的步骤如下：

①单击【图层】调板中要改变不透明度的图层，选中该图层。

②单击【图层】调板中【不透明度】带滑块的文本框内部，再输入不透明度数值。也可以单击它的黑色箭头按钮，再用鼠标拖曳滑块，调整不透明度数值，如图 6.4.12 所示。

改变【图层】调板中的【填充】文本框内的数值，也可以调整选中图层的不透明度，但不影响已应用于图层的任何图层效果的不透明度。

③观察各图层的不透明度：单击【图层】调板中的图层，即可在【不透明度】带滑块的文本框内看到该图层的不透明度数值。也可以采用如下更好的方法。

使"背景"图层不显示。单击【信息】调板中的吸管图案，调出它的子菜单，单击该菜单中的【不透明度】菜单命令。再将鼠标指针移到画布窗口内的图像之上，即可在【信息】调板中快速看到各个图层的不透明度数值。

（5）修改图层属性和进行图层栅格化的步骤如下：

①改变【图层】调板中图层的颜色和名称：单击【图层/图层属性】菜单命令，调出【图层属性】对话框，如图 6.4.13 所示。利用该对话框，可以改变【图层】调板中图层的颜色和图层的名称。

图 6.4.12

图 6.4.13

②改变【图层】调板中图层缩览图的大小：单击【图层】调板菜单中的【调板选项】菜单命令，调出【调板选项】对话框。单击该对话框中的单选项，再单击【确定】按钮，即可改变【图层】调板中图层缩览图的大小。

③图层栅格化：画布窗口内如果有矢量图形（如文字等工具），可以将它们转换成点阵图像，这就叫图层栅格化。图层栅格化的方法是：单击选中有矢量图形的图层；再单击【图层/栅格化】菜单命令，调出其子菜单。如果单击子菜单中的【图层】菜单命令，即可将选中的图层内的所有矢量图形转换为点阵图像；如果单击子菜单中的【文字】菜单命令，即可将选中的图层内的文字转换为点阵图像，文字图层也会自动变为常规图层。

任务 5　从图层建立图层组

任务分析

掌握从图层建立图层组的方法。

任务实现

（1）按住 Shift 键，单击选中图 6.5.1 所示的【图层】面板内上边的 5 个图层。

（2）单击【图层/新建/从图层建立组】菜单命令，调出【从图层建立组】对话框，如图 6.5.2 所示。利用它可以给图层组命名，设定颜色、不透明度和模式，再单击【确定】按钮，即可创建一个新的图层组。

图 6.5.1　　　　　　　　　　　　　　　　　　图 6.5.2

（3）将选中的图层置于该图层组中，如图 6.5.3 所示。单击"组 1"左边的箭头 ▶，可以展开图层组内的图层，同时箭头变为 ▼，如图 6.5.4 所示。再单击"组 1"左边的箭头 ▼，又可以收缩图层组，同时箭头变为 ▶。

图 6.5.3

图 6.5.4

任务6   创建新的空图层组和删除图层组

 任务分析

掌握创建新的空图层组和删除图层组的方法。

 任务实现

（1）单击【图层/新建/组】菜单命令，即可调出【新建组】对话框，与图 6.5.2 所示基本相同。进行设置后单击【确定】按钮，即可在当前图层或图层组之上创建一个新的空图层组。

（2）新的空图层组内没有图层，在图层组中还可以创建新的图层组。

（3）单击【图层】面板中的【创建新组】按钮，也可以创建一个新的空图层组。

（4）选中【图层】面板内的图层组，单击【图层/删除/组】菜单命令，会调出一个提示对话框，如图 6.6.1 所示。

（5）单击【组和内容】按钮，可将图层组和图层组内的所有图层一起删除。单击【仅组】按钮，可以只将图层组删除。

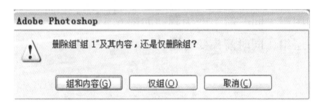
图 6.6.1

任务 7 锁定组内的所有图层、图层组的复制 和将图层移入与移出图层组

 任务分析

掌握锁定组内的所有图层、图层组的复制和将图层移入与移出图层组的方法。

 任务实现

（1）单击【图层/锁定组内的所有图层】菜单命令，调出【锁定组内的所有图层】对话框，如图 6.7.1 所示。利用它可以选择锁定方式，再单击【确定】按钮，即可将所有链接的图层按要求锁定。

（2）选中【图层】面板内的图层组，单击【图层/复制组】菜单命令，调出一个【复制组】对话框，如图 6.7.2 所示。进行设置后单击【确定】按钮，即可复制选中的图层组（包括其中的图层）。

图 6.7.1

图 6.7.2

（3）用鼠标拖曳【图层】调板中的图层，移到图层组的 图标之上，当该图标变为黑色时，松开鼠标左键，即可将拖曳的图层移到图层组中。向左拖曳图层组中的图层，即可将图层组中的图层移出图层组。

 知识导读

（一）图层组

1. 图层组概念

图层组也叫图层集，它是若干图层的集合，就像文件夹一样。当图层较多时，可以将一些图层组成图层组，这样便于观察和管理。在【图层】调板中，可以移动图层组与其他图层的相对位置，可以改变图层组的颜色和大小。同时，其内的所有图层的属性也会随之改变。

2. 用选区选择图层中的图像和图层链接

（1）用选区选择图层中的图像，如果要对某个图层的所有图像进行操作，往往需要先用选区选中该图层的所有图像。用选区选取某个图层的所有图像可采用如下两种操作

方法：

①按住 Ctrl 键，同时单击【图层】调板中要选取的图层（不包括背景图层）。

②单击选中【图层】调板中要选取的图层（不包括背景图层），再单击【选择/载入选区】菜单命令，调出【载入选区】对话框，采用选项的默认值，再单击【确定】按钮即可。如果选中了【载入选区】对话框中的【反相】复选框，则单击【确定】按钮后选择的是该图层内透明的区域。

（2）图层的链接。图层建立链接后，许多操作会对所有建立链接的图层一起进行。图层链接操作如下：单击【移动工具】▶♣的选项栏 中按钮组内的一个按钮，也可以将链接图层中的所有对象按要求对齐或分布，具体内容如图 6.7.3 所示。

图 6.7.3

3. 图层剪贴组

图层剪贴组是若干图层的组合。利用剪贴组可以使多个图层共用一个蒙版（关于蒙版将在本项目"图层蒙版"部分介绍）。只有上下相邻的图层才可以组成剪贴组，一个剪贴组中可以包括多个连续的图层。在剪贴组中，最下边的图层叫"基底图层"，它的名字下边有一条下划线，其他图层的缩览图是缩进的，而且缩览图左边有一个 标记。基底图层是整个图层剪贴组中其他图层的蒙版，上面各层的图像只能通过基底图层中有像素的区域显示出来，并采用基底图层的不透明度。

（1）与前一个图层编组：与前一个图层编组就是将当前图层与其下边的图层建立剪贴组，下边的图层成为基底图层。例如：选中"图层 1"，单击【图层/创建剪贴蒙版】菜单命令，即可完成任务。此时的剪贴组如图 6.7.4 所示，"图层 1"和"图层 3"两个图层组成了剪贴组，"图层 3"是基底图层，它是"图层 1"的蒙版。单击【图层/释放剪贴蒙版】菜单命令，即可取消剪贴蒙版。另外，还可以采用同样方法将剪贴组上边的图层也组合到该剪贴组中。例如，单击选中图 6.7.4 中的"图层 2"，再单击【图层/创建剪贴蒙版】菜单命令，即可完成任务。此时，"图层 2""图层 1"和"图层 3"三个图层组成了一个剪贴组，如图 6.7.5 所示。

图 6.7.4

图 6.7.5

（2）编组链接图层：编组链接图层就是将当前图层和与它链接的图层组成一个剪贴组，最下边的图层是该剪贴组的基底图层。单击【图层/编组链接图层】菜单命令，即可完成任务。

（3）取消剪贴组：单击选中剪贴组中的一个图层，再单击【图层/取消编组】菜单命令，即可取消选中的剪贴组，但不会删除剪贴组中的图层。

（二）图层样式

1. 给图层添加图层样式

（1）使用【图层样式】可以方便地创建图层中整个图像的阴影、发光、斜面、浮雕和描边等效果。图层被赋予样式后，会产生许多图层效果，这些图层效果的集合就构成了图层样式。在【图层】调板中，图层名称的右边会显示图标，图层的下边会显示效果名称，如图6.7.6所示。单击图标右边的按钮，可以将图层下边显示的效果名称展开，此时图层名称的右边会显示图标。单击图标右边的按钮，可收缩图层下边的效果名称。

添加图层样式需要先选中要添加图层样式的图层，再采用下面所述的方法之一。

①单击【图层】调板内的【添加图层样式】按钮，调出【图层样式】菜单，如图6.7.7所示。再单击【混合选项】菜单命令或其他菜单命令，即可调出【图层样式】对话框，如图6.7.8所示。利用该对话框，可以添加图层样式，产生各种不同的效果。

如果单击菜单中的其他菜单命令，也会调出【图层样式】对话框，只是还同时在该对话框的左边一栏内选中相应的复选框。选中多个复选框，可以添加多种样式，产生多种效果。

②单击【图层/图层样式/混合选项】菜单命令，或单击【图层】调板菜单中的【混合选项】菜单命令，或双击要添加图层样式的图层，都可以调出【图层样式】对话框。

③双击【样式】调板中的一种样式图标，即可给选定的图层添加图层样式。

图6.7.6

图6.7.7

（2）设置图层样式：利用图6.7.8所示的【图层样式】对话框，可以设置图层样式，由此产生各种不同的图层效果。

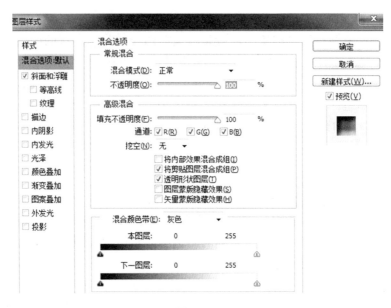

图 6.7.8

2. 编辑图层效果

（1）隐藏和显示图层效果的主要操作如下：

①隐藏图层效果：单击【图层】调板内效果名称层左边的图标，使它消失，即可隐藏该图层效果；单击【图层】调板内效果层左边的图标，使它消失，即可隐藏所有图层效果。

②隐藏图层的全部效果：单击【图层/图层样式/隐藏所有效果】菜单命令，可以将选中的图层的全部效果隐藏，即隐藏图层样式。

③单击【图层】调板内效果层左边的图标，会使图标显示出来，同时使隐藏的图层效果显示出来。

（2）删除图层效果的主要操作如下：

①删除图层的一个效果：用鼠标将【图层】调板内的效果名称行拖曳到【删除图层】按钮之上，再松开鼠标左键，即可将该效果删除。

②删除一个或多个图层效果：选中要删除图层效果的图层，再调出【图层样式】对话框，然后取消该对话框【样式】栏内复选框的选取。如果取消全部复选框的选取，可删除全部图层效果。

3. 编辑图层样式

（1）复制和粘贴图层样式：复制和粘贴图层样式的操作可以将一个图层的样式复制添加到其他图层中。

（2）存储图层样式有以下几种方法：按照上述方法复制图层样式，再将鼠标指针移到【样式】调板内样式图案之上，单击鼠标右键，会调出一个菜单，如图 6.7.9 所示。单击该菜单中的【新建样式】菜单命令，即可调出【新建样式】对话框，如图 6.7.10 所示。给样式命名和进行设置后，单击【确定】按钮，即可在【样式】调板内样式图案的最后边增加一种新的样式图案。

图 6.7.9

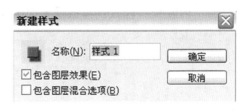

图 6.7.10

任务 8　水晶按钮制作

 任务分析

运用【形状工具】、【圆角矩形工具】和图层样式（斜面和浮雕、内发光、内阴影、投影、光泽以及颜色叠加）制作水晶按钮。

 任务实现

（1）新建文件，宽度和高度均为 10cm，颜色模式为 RGB，分辨率为 100 像素/英寸，背景内容为白色。

（2）新建"图层 1"，单击工具箱中的形状工具组中的【圆角矩形工具】□，在工具选项栏中设置为 像素 方式，绘制圆角矩形（任何颜色均可）。

（3）点击【图层】面板下方的 fx 按钮，添加图层样式。

（4）添加"斜面和浮雕"样式，参数设置如图 6.8.1 所示。

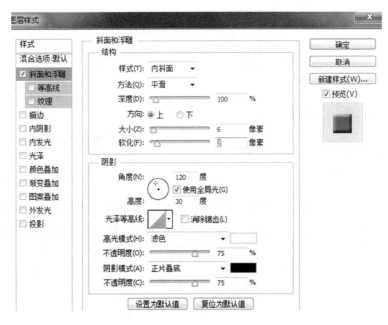

图 6.8.1

（5）添加"等高线"样式，参数设置如图6.8.2所示。

（6）添加"内发光"样式，参数设置如图6.8.3所示，颜色参考值为（#b6f696）。

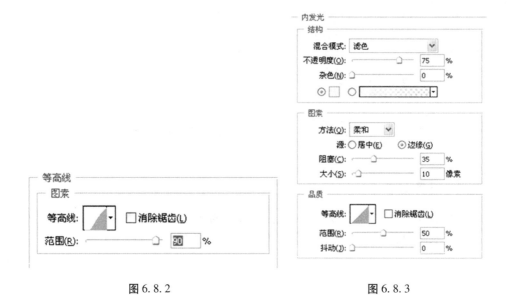

图6.8.2   图6.8.3

（7）添加"内阴影"样式，参数设置如图6.8.4所示，颜色参考值为（#95fb99）。

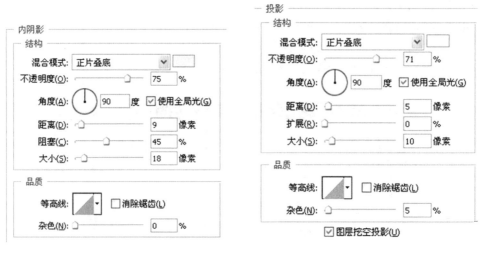

图6.8.4   图6.8.5

（8）添加"投影"样式，参数设置如图6.8.5所示，颜色参考值为（#d6f8d5）。

（9）添加"光泽"样式，参数设置如图6.8.6所示，颜色参考值为（#d7f8ce）。

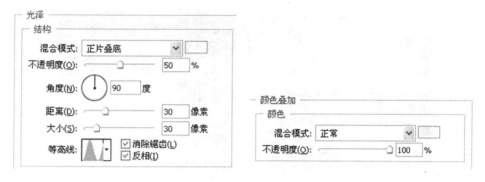

图 6.8.6　　　　　　　　　　　　　图 6.8.7

（10）添加"颜色叠加"样式，参数设置如图 6.8.7 所示，颜色参考值为（#aff7b1）。

（11）最终效果如图 6.8.8 所示。

图 6.8.8

任务 9　利用图层混合选项简单合成图像

 任务分析

利用【移动工具】及新建文件、图层混合模式等工具简单合成图像。

 任务实现

（1）新建文件，大小为 10 厘米×10 厘米，分辨率为 150 像素/英寸，颜色模式为 RGB，背景内容为白色。

（2）打开素材图 6.9.1 和图 6.9.2，用【箭头工具】把两幅素材拖到新建文件中，生成"图层 1"和"图层 2"，如图 6.9.3 所示。

图 6.9.1

图 6.9.2

图 6.9.3

（3）设置"图层2"为当前图层，选择图层的混合模式为下拉菜单中的【正片叠底】（可选其他模式），并把不透明度设为70%，得到的合成效果如图6.9.4所示。

图 6.9.4

 知识导读

图层混合模式

图层混合模式通过将当前图层中的像素与下面图像中的像素相混合从而产生奇幻效果，当【图层】调板中存在两个以上的图层时，在上面图层设置【混合模式】后，会在工作窗口中看到使用该模式后的效果。

1. 三种色彩概念

在具体讲解图层混合模式之前先向大家介绍三种色彩概念：

基色：指的是图像中的原有颜色，也就是我们要用混合模式选项时，两个图层中下面的那个图层。

混合色：指的是通过绘画或编辑工具应用的颜色，也就是我们要用混合模式选项时两个图层中上面的那个图层。

结果色：指的是应用混合模式后的色彩。

2. 图层混合模式

图层混合模式中共有正常、溶解、变暗、正片叠底、颜色加深、线性加深、深色、变亮、滤色、颜色减淡、线性减淡、浅色、叠加、柔光、强光、亮光、线性光、点光、实色混合等 27 种模式。

不同混合模式的含义如下：

【正常】：系统默认的混合模式，混合色的显示与不透明度的设置有关。当不透明度为 100% 时，上面图层中的图像区域会覆盖下面图层中该部位的区域。只有不透明度小于 100% 时，才能实现简单的图层混合。

【溶解】：当不透明度为 100% 时，该选项不起作用。只有不透明度小于 100% 时，结果色由基色或混合色的像素随机替换。

【变暗】：选择基色或混合色中较暗的颜色作为结果色。比混合色亮的像素被替换，比混合色暗的像素保持不变。【变暗】模式将导致比背景颜色更淡的颜色从结果色中被去掉。

【正片叠底】：将基色与混合色复合。结果色总是较暗的颜色。任何颜色与黑色复合产生黑色。任何颜色与白色复合保持不变。

【颜色加深】：通过增加对比度使基色变暗以反映混合色，如果与白色混合的话将不会产生变化，【颜色加深】模式创建的效果和【正片叠底】模式创建的效果比较类似。

【线性加深】：通过减小亮度使基色变暗以反映混合色。如果混合色与基色上的白色混合，将不会产生变化。

【深色】：两个图层混合后，通过混合色中较亮的区域被基色替换来显示结果色。

【变亮】：选择基色或混合色中较亮的颜色作为结果色。比混合色暗的像素被替换，比混合色亮的像素保持不变。在这种与【变暗】模式相反的模式下，较淡的颜色区域在最终的合成色中占主要地位。较暗区域并不出现在最终的合成色中。

【滤色】：【滤色】模式与【正片叠底】模式正好相反，它将图像的基色颜色与混合色颜色结合起来，产生比两种颜色都浅的第三种颜色。

【颜色减淡】：通过减小对比度使基色变亮以反映混合色。与黑色混合则不发生变化，应用【颜色减淡】混合模式时，基色上的暗区域都将会消失。

【线性减淡】：通过增加亮度使基色变亮以反映混合色，与黑色混合时不发生变化。

【浅色】：两个图层混合后，通过混合色中较暗的区域被基色替换来显示结果色，效果与【变亮】模式类似。

【叠加】：把图像的基色颜色与混合色颜色相混合产生一种中间色。基色内颜色比混合色暗的颜色会使混合色颜色加深，比混合色亮的颜色将使混合色颜色被遮盖，而图像内的高亮部分和阴影部分保持不变，因此对黑色或白色像素着色时，【叠加】模式不起作用。

【柔光】：可以产生一种柔光照射的效果。如果混合色颜色比基色颜色的像素更亮一些，那么结果色将更亮；如果混合色颜色比基色颜色的像素更暗一些，那么结果色颜色将更暗，从而使图像的亮度反差增大。

【强光】：可以产生一种强光照射的效果。如果混合色颜色比基色颜色的像素更亮一些，那么结果色颜色将更亮；如果混合色颜色比基色颜色的像素更暗一些，那么结果色将更暗。除了根据背景中的颜色而使背景色是多重的或屏蔽的之外，这种模式实质上同【柔光】模式是一样的。它的效果要比【柔光】模式更强烈一些。

【亮光】：通过增加或减小对比度来加深或减淡颜色，具体取决于混合色。如果混合色（光源）比 50% 灰色亮，则通过减小对比度使图像变亮；如果混合色比 50% 灰色暗，则通过增加对比度使图像变暗。

【线性光】：通过减小或增加亮度来加深或减淡颜色，具体取决于混合色。如果混合色（光源）比 50% 灰色亮，则通过增加亮度使图像变亮；如果混合色比 50% 灰色暗，则通过减小亮度使图像变暗。

【点光】：主要就是替换颜色，其具体取决于混合色。如果混合色比 50% 灰色亮，则替换比混合色暗的像素，而不改变比混合色亮的像素；如果混合色比 50% 灰色暗，则替换比混合色亮的像素，而不改变比混合色暗的像素。这对于为图像添加特殊效果非常有用。

【实色混合】：根据基色与混合色相加产生混合后的结果色，该模式能够产生颜色较少、边缘较硬的图像效果。

【差值】：将从图像中基色颜色的亮度值减去混合色颜色的亮度值，如果结果为负，则取正值，产生反相效果。由于黑色的亮度值为 0，白色的亮度值为 255，因此用黑色着色不会产生任何效果，用白色着色则产生与着色的原始像素颜色的反相效果。【差值】模式创建背景颜色的相反色彩。

【排除】：【排除】模式与【差值】模式相似，但是具有高对比度和低饱和度的特点。比用【差值】模式获得的颜色要柔和和更明亮一些，其中，与白色混合将反转基色值，而与黑色混合则不发生变化。

【色相】：用混合色颜色的色相值进行着色，而使饱和度和亮度值保持不变。当基色颜色与混合色颜色的色相值不同时，才能使用描绘颜色进行着色。

【饱和度】：【饱和度】模式的作用方式与【色相】模式相似，它只用混合色颜色的饱和度值进行着色，而使色相值和亮度值保持不变。当基色颜色与混合色颜色的饱和度值不同时，才能使用描绘颜色进行着色处理。

【颜色】：使用混合色颜色的饱和度值和色相值同时进行着色，而使基色颜色的亮度值保持不变。【颜色】模式可以看成是【饱和度】模式和【色相】模式的综合效果。该模式能够使灰色图像的阴影或轮廓透过着色的颜色显示出来，产生某种色彩化的效果。这样可以保留图像中的灰阶，并且对于给单色图像上色和给彩色图像着色都会非常有用。

【明度】：使用混合色颜色的亮度值进行着色，而保持基色颜色的饱和度和色相数值不变。其实就是用基色中的色相和饱和度以及混合色的亮度创建结果色。此模式创建的效果与【颜色】模式创建的效果相反。

任务 10　快速蒙版打造蒙太奇效果

　任务分析

运用【快速蒙版工具】、【移动工具】、【渐变工具】及选择/反向等工具打造"蒙太奇"效果的海报。

　任务实现

（1）打开素材图片"a. jpg"，生成"背景"图层，双击【图层】面板的锁头图标，弹出对话框，将"背景"图层重命名为"图层1"。

图 6.10.1

图 6.10.2

（2）将素材图片"b. jpg"和"c. jpg"的图层复制到"a. jpg"中，生成"图层2"和"图层3"，并调整其相对位置，如图 6.10.1 所示。

（3）选择"图层1"作为编辑对象，选择当前的编辑图层并单击工具箱左下角的【快速蒙版工具】。

（4）选择【渐变工具】，选择从前景色到背景色渐变，用鼠标从下向上拖曳渐变效果。

（5）单击取消快速蒙版，然后按 Shift + Alt + I 键反选，如图 6.10.2 所示，按 Delete 键删除。

图 6.10.3 图 6.10.4

（6）选择"图层2"作为编辑图层，点击【快速蒙版工具】 ，然后选择【渐变工具】中的【径向渐变】 ，从左下角向右上角渐变，单击【快速蒙版工具】取消快速蒙版，得到选区，如图 6.10.3 所示，按 Delete 键删除。

（7）选择"图层3"作为编辑图层，点击【快速蒙版工具】 ，然后选择【渐变工具】中的【径向渐变】 ，从右下角向左上角渐变，单击【快速蒙版工具】 取消快速蒙版，得到选区，如图 6.10.4 所示，按 Delete 键删除。

（8）按 Ctrl + D 键取消选区，完成效果如图 6.10.5 所示。

图 6.10.5

任务 11　燃烧足球制作

 任务分析

运用【移动工具】、【画笔工具】和图层蒙版、图层样式、编辑/变换等工具制作燃烧足球效果。

 任务实现

（1）打开足球运动和火焰素材，把火焰素材拖入足球运动素材的中，调整火焰的大小、形状和位置，添加图层蒙版，用【画笔工具】制作火焰包住球的效果，如图 6.11.1 所示。

图 6.11.1

图 6.11.2

（2）复制四个"图层 1"的副本，分别调整火焰的形状、大小和位置，用【画笔工具】制作头、肩、手和脚部的蒙版效果，如图 6.11.2 所示。

（3）制作蓝红火焰，设置"图层 1"为当前图层，按 Ctrl + J 键复制出"图层 1 副本 5"，单击 fx 按钮，设置图层样式为【颜色叠加】，颜色为蓝色（#1111d7），如图 6.11.3 所示，用同样方法制作"图层 1 副本 6"，设置图层样式为【颜色叠加】，颜色为红色（#f40d23），如图 6.11.4 所示。

图 6.11.3

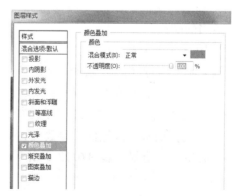

图 6.11.4

（4）按 Ctrl + S 键保存文件，文件名设置为"燃烧足球 . psd"，效果如图 6.11.5 所示。

图 6.11.5

任务 12　儿童相框封面制作

 任务分析

运用【选框工具】、【圆形工具】、【文字工具】、【钢笔工具】、【画笔工具】及编辑/变换、描边路径、图层蒙版等工具，打造具有个性的相框封面。

 任务实现

（1）打开素材图像文件"星空背景"，复制"背景"图层生成"背景副本"图层。

（2）利用【选框工具】、【圆形工具】创建长方形选区、圆形选区和月亮选区，并分别填上适当的颜色。

（3）用【文字工具】输入文字"我成长我做主"，文字形状设置为【扇形】，并适当调好比例大小；执行【图层/栅格化/文字】把文字图层转化为普通图层；执行【编辑/描边】命令，给文字描上黄边，描边半径设置为 2 像素。

（4）用【钢笔工具】 绘制一条路径，如图 6.12.1 所示，选择【画笔工具】，按 F5 键弹出【画笔】面板，画笔样式参数设置如图 6.12.2 所示，打开【路径】面板，点击 按钮，完成星星的绘制，如图 6.12.3 所示。

图 6.12.1

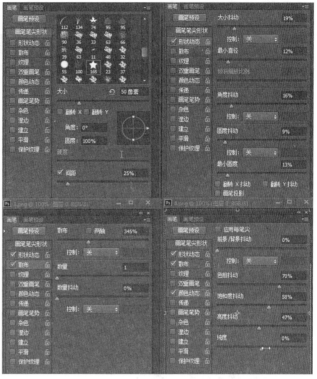

图 6.12.2

图 6.12.3

（5）按 Ctrl + Shift + E 键合并可见图层，打开图像文件"儿童 7"，按住 Ctrl + A 键全选，再按 Ctrl + C 键复制，用【魔棒工具】点选左上角黄色圆，载入黄色选区，执行【编辑/粘贴入】命令，把小孩图片放入选区并生成"图层 1"。用【自由变换工具】对图像的大小、位置、角度等进行相应调整，如图 6.12.4 所示。

（6）使用与步骤（5）相同的方法将另外几张照片放入相应的位置，并调整大小比例，效果如图 6.12.5 所示。

图 6.12.4

图 6.12.5

任务 13 动物魔方制作

 任务分析

运用【多边形套索工具】、【自由变换工具】及剪贴蒙版制作具有神奇色彩的魔方动物。

 任务实现

（1）打开素材文件"魔方背景"，复制"背景"图层生成"背景副本"图层。

（2）选择【多边形套索工具】，绘制如图 6.13.1 所示的方块形状，设置前景色为黑色（#000000），新建"图层 2"，填充选区为黑色，如图 6.13.2 所示。

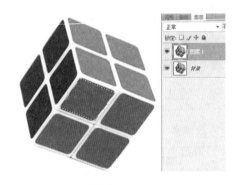
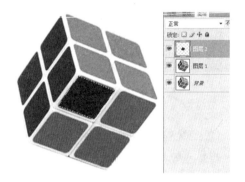

图 6.13.1 　　　　　　　　　　　　　　　　　图 6.13.2

（3）打开动物图片，用【箭头工具】把动物素材拖到魔方文档，生成"图层 3"，按 Ctrl + T 键自由变换调整其大小、位置，运用【变换/扭曲】命令改变图片的方向（图片的四条边与小方块的四条边平行），如图 6.13.3 所示。

（4）按住 Alt 键不放，把光标移到"图层 2"和"图层 3"的缩览图的中间位置，当出现两个圆圈图标时，点击鼠标完成剪贴蒙版，适当其调整大小和位置，效果如图 6.13.4 所示。

图 6.13.3 　　　　　　　　　　　　　　　　　图 6.13.4

（5）运用与步骤（3）、（4）相同的方法完成其他方块效果的制作，最终效果如图6.13.5所示。

图 6.13.5

 知识导读

（一）快速蒙版

创建快速蒙版

（1）了解快速蒙版：在快速蒙版模式下，可以将选区转换为蒙版。此时，会创建一个临时的蒙版，在【通道】调板中创建一个临时的 Alpha 通道。以后可以使用几乎所有的工具和滤镜来编辑修改蒙版。修改好蒙版后，回到标准模式下，即可将蒙版转换为选区。

默认状态下，快速蒙版呈半透明红色，与掏空了选区的红色胶片相似，遮盖在非选区图像的上边。因为蒙版是半透明的，所以可以通过蒙版观察到其下边的图像。

在图像中创建一个选区。然后，双击工具箱内的【以快速蒙版模式编辑】按钮，调出【快速蒙版选项】对话框，如图6.13.6所示，此时的图像如图6.13.7所示。利用该对话框进行设置后，单击【确定】按钮，即可退出该对话框并建立快速蒙版。如果不进行设置，就采用如图6.13.8所示的默认状态，可用鼠标单击工具箱内的【以快速蒙版模式编辑】按钮，即可建立快速蒙版。

图 6.13.6

图 6.13.7

建立快速蒙版后的【通道】调板如图 6.13.8 所示，它增加了一个【快速蒙版】通道。

图 6.13.8

（2）编辑快速蒙版：单击选中【通道】调板中的快速蒙版通道，然后可以使用各种工具和滤镜对快速蒙版进行编辑修改，改变快速蒙版的大小与形状，也就调整了选区的大小与形状。也可用【画笔工具】、【橡皮擦工具】等工具修改选区。

对图 6.13.8 所示蒙版进行加工（采用了【玻璃】扭曲滤镜处理，参数设置如图 6.13.9 所示）后的图像如图 6.13.10 所示。再单击工具箱内的【以标准模式编辑】按钮（或按住 Ctrl 键，同时单击快速蒙版通道），即可将快速蒙版转换为选区，如图 6.13.11 所示。

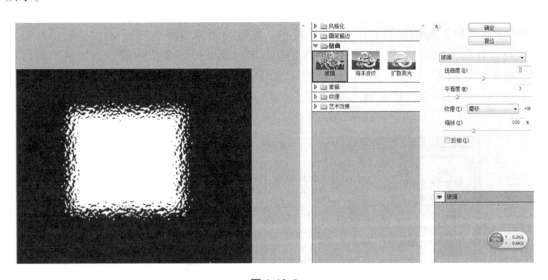

图 6.13.9

图 6.13.10　　　　　　　　　　　　图 6.13.11

（3）将快速蒙版转换为选区：编辑加工快速蒙版的目的是获得特殊效果的选区。将快速蒙版转换为选区的方法很简单，只要用鼠标单击工具箱内的【以标准模式编辑】按钮即可。当将快速蒙版转换为选区后，【通道】调板中的快速蒙版通道会自动消失。

图 6.13.11 所示的蒙版转换为选区后的图像，如图 6.13.12 所示。从图 6.13.12 中还看不出用灰色绘制蒙版所产生的半透明效果，而且还看不到这部分的选区。为了可以看到由蒙版产生选区的效果，可以对选区进行填充。为图 6.13.11 填充透明的线性渐变七彩色，将其不透明度设置为 50% 后的效果如图 6.13.12 所示，此时可以看出半透明的效果了。

图 6.13.12

（二）图层蒙版

1. 了解蒙版

图层蒙版可以理解为在当前图层上面覆盖了一层玻璃片，这种玻璃片有：透明的和黑色不透明的，前者显示全部，后者隐藏部分。然后用各种绘图工具在蒙版上（即玻璃片上）涂色（只能涂黑、白、灰色），涂黑色的地方蒙版变为不透明，看不见当前图层的图像；涂白色则使涂色部分变为透明，可看到当前图层上的图像；涂灰色使蒙版变为半透明，透明的程度由涂色的灰度深浅决定。图 6.13.13 是蒙版由黑到白渐变对应的显示情况。

图 6.13.13

蒙版与快速蒙版有相同与不同之处。快速蒙版的主要目的是建立特殊的选区，所以它是临时的，一旦由快速蒙版模式切换到标准模式，快速蒙版转换为选区，而图像中的快速蒙版和【通道】调板中的快速蒙版通道会立即消失。创建快速蒙版时，对图像的图层没有要求。蒙版一旦创建后，它会永久保留，同时在【图层】调板中建立蒙版图层（进入快速蒙版模式时不会建立蒙版图层）和在【通道】调板中建立蒙版通道，只要不删除它们，它们会永久保留。

2．使用蒙版和编辑蒙版

（1）蒙版基本操作包括以下内容：

①显示图层蒙版：单击【通道】调板中蒙版通道左边的 图标，使眼睛图标出现。同时图像中的蒙版也会随之显示。如果要使画布窗口只显示蒙版，可单击 RGB 通道左边的 图标，隐藏【通道】调板中的其他通道（使这些通道的眼睛图标消失），只显示"图层1 蒙版"通道。此时的画布只显示蒙版，如图 6.13.14 所示。

②删除图层蒙版：删除蒙版，但不删除蒙版所在的图层。单击选中【图层】调板中蒙版图层，单击【图层/图层蒙版/删除】菜单命令，可删除蒙版，同时取消蒙版产生的效果。单击【图层/图层蒙版/应用】菜单命令，也可删除蒙版，但保留蒙版产生的效果。

图 6.13.14

③停用图层蒙版：单击选中【图层】调板中蒙版图层的缩览图，再单击鼠标右键，调出它的快捷菜单，单击该菜单中的【停用图层蒙版】菜单命令，即可禁止使用蒙版，但没有删除蒙版。此时【图层】调板中蒙版图层内的缩览图上增加了一个红色的叉子。

④启用图层蒙版：单击选中【图层】调板中禁止使用的蒙版图层，再单击【图层/启用图层蒙版】菜单命令，即可恢复使用蒙版。此时【图层】调板中蒙版图层内缩览图中的红色叉子自动消失。

（2）根据蒙版创建选区。将鼠标指针移到【图层】调板中蒙版图层的缩览图之上，单击鼠标右键，调出快捷菜单，如图 6.13.15 所示。可以看出，菜单中许多菜单命令前面已经介绍过了。为了验证菜单第 2 栏中菜单命令的作用，需要在图像中创建一个选区，如图 6.13.16 所示。

①将蒙版转换为选区：按住 Ctrl 键，单击【图层】调板中蒙版图层的缩览图，此时，图像中原有的所有选区消失，将蒙版转换为选区，如图 6.13.17 所示。

图 6.13.15

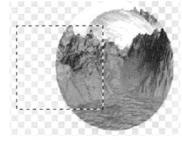
图 6.13.16

图 6.13.17

②添加图层蒙版到选区：将蒙版转换的选区添加到图像中，与图像中原有的选区合并，如图 6.13.18 所示。

③从选区中减去图层蒙版：从图像原有选区中减去蒙版转换的选区，得到新的选区，如图 6.13.19 所示。

④使图层蒙版与选区交叉：将蒙版转换的选区和图像中原有的选区相交叉的部分作为新的选区，如图 6.13.20 所示。

图 6.13.18　　　　　　　　图 6.13.19　　　　　　　　图 6.13.20

（3）【蒙版】调板可以对创建的蒙版进行细致的调整，使图像合成更加细腻，也使图像处理更加方便，创建蒙版后，执行菜单【窗口/蒙版】命令即可打开，如图 6.13.21 所示。

图 6. 13. 21

其中的各项含义如下：

创建蒙版：用来为图像创建蒙版或在蒙版与图像之间选择。

创建矢量蒙版：用来为图像创建矢量蒙版或在矢量蒙版与图像之间选择。图像中不存在矢量蒙版时，只要单击该按钮，即可在该图层中新建一个矢量蒙版。

浓度：用来设置蒙版中黑色区域的透明程度，数值越大，蒙版越透明。

羽化：用来设置蒙版边缘的柔和程度，与选区羽化相类似。

蒙版边缘：可以更加细致地调整蒙版的边缘。

颜色范围：用来重新设置蒙版的效果，单击即可打开【色彩范围】对话框，具体使用方法与【色彩范围】一样。

反相：单击该按钮，可以使蒙版中的黑色与白色进行对换。

创建选区：单击该按钮，可以从创建的蒙版中生成选区，被生成选区的部分是蒙版中的白色部分。

应用蒙版：单击该按钮，可以将蒙版与图像合并，效果与执行菜单【图层/图层蒙版/应用蒙版】命令一致。

启用与停用蒙版：单击该按钮可以将蒙版在显示与隐藏之间转换。

删除蒙版：单击该按钮可以将选择的蒙版缩览图从【图层】调板中删除。

3. 创建图层蒙版的方法

（1）使用图层调板创建蒙版。可以使用【图层】调板中的【添加图层蒙版】按钮来创建蒙版，方法如下：

①在要加蒙版的图层之上添加一个常规图层，再在该图层上创建选区，并选中该图层。

②单击【图层】调板中的【添加图层蒙版】按钮，即可在选中的图层上创建一个蒙版图层，选区外的区域是蒙版，选区包围的区域是蒙版中掏空的部分。此时的【图层】调板如图 6. 13. 22 所示，【通道】调板如图 6. 13. 23 所示。

【图层】调板中的  是蒙版的缩览图，黑色是蒙版，白色是蒙版中掏空的部分。

③单击图6.13.23所示的【通道】调板中"图层1蒙版"通道左边的 □ 图标，使眼睛图标出现。同时图像中的蒙版也会随之显示出来。

如果在创建蒙版以前，图像中没有创建选区，则按照第2步所述方法创建的蒙版是一个空白蒙版，此时【通道】调板中"图层1蒙版"通道为：。

（2）使用菜单命令创建蒙版。在要加蒙版的图层之上添加一个常规图层。再在该图层创建选区，并选中该图层。然后，单击【图层/图层蒙版】菜单命令，调出其子菜单，如图6.13.24所示。然后，单击其中一个子菜单命令，即可创建蒙版。

图 6.13.22

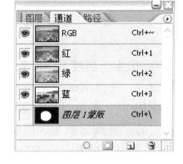

图 6.13.23

图 6.13.24

（3）【粘贴入】命令创建图层蒙版。在图像中创建选区，再执行【粘贴入】命令，也可以创建图像蒙版，如图6.13.25所示。

图 6.13.25

（4）使用【创建剪贴蒙版】命令可以为图层添加剪贴蒙版效果。剪贴蒙版就是一个或多个图层组成的剪贴组。利用剪贴组可以使多个图层共用一个蒙版。只有上下相邻的图层才可以组成剪贴组，一个剪贴组中可以包括多个连续的图层。

任务 14　燃烧火焰制作

 任务分析

主要运用编辑/变换/变形、图层蒙版、图层混合模式。在本任务中，火焰和人物的融合感非常重要，调整火焰素材的大小和方向，让火顺着一定的方向进行燃烧，模仿出真实的升腾感，且还要注意增强火焰的强弱对比，让光影效果更突出。

 任务实现

（1）新建文件：宽度为 500 像素，高度为 300 像素，运用【画笔工具】绘制光点图案，执行【编辑/定义图案】命令，在弹出的对话框中设置图案名称为"光点"。继续打开文件"黑人.jpg"，新建"图层 1"，单击【油漆桶工具】🪣，在选项栏中设置填充类型为【图案】，填充样式为自定的"光点"图案，然后在图像中单击为其填充光点效果。

（2）为"图层 1"添加图层蒙版，设置前景色为黑色（#000000），使用【画笔工具】在图像中涂抹，使人物从光点背景中显示出来，并设置"图层 1"的不透明度为 60%，然后将"图层 1"隐藏以便制作火焰效果。

（3）执行【文件/打开】命令，打开文件"火.psd"，将其移动到人物图像中生成"图层 2"，并运用【编辑/变换/变形】命令调整火焰的方向、大小及位置，让其覆盖到人物臀部部分，如图 6.14.1 所示。

图 6.14.1

（4）选择"图层 2"，连续按下 Ctrl + J 键 4 次，复制出 4 个"图层 2 副本"，用来调整人物身体各个不同部位的火焰图像，选择"图层 2"并为其添加图层蒙版，使用【画笔工具】在火焰上进行涂抹，涂抹过程中需不断调整【画笔工具】的不透明度和流量，让其自然融合到人物的臀部和腿部。

（5）选择"图层 2 副本"，使用同样方法让火焰贴合人物手部，设置"图层 2 副本"的图层混合模式为【变亮】，让火焰效果在人物腿部呈现一定透明效果，如图 6.14.2 所示。

图 6.14.2

（6）选择"图层2"，使用同样的方法将其融合到人物上半身以增加火焰量，并设置"图层2副本2"的图层混合模式为【滤色】，加强火焰燃烧感，如图6.14.3所示。

（7）适当缩小"图层2副本3"的火焰图像，将其移动到人物头部，并添加图层蒙版，使用【画笔工具】进行涂抹以制作出燃烧效果，并设置其混合模式为【滤色】。同样缩小"图层2副本4"的火焰图像，将其放置于人物头顶上部，使用同样的方法制作出燃烧效果，也设置其混合模式为【滤色】，如图6.14.4所示。

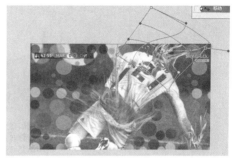

图6.14.3　　　　　　　　　　　　　　　图6.14.4

（8）按Ctrl＋S键保存文件，文件命名为"燃烧火焰.psd"，至此完成该特效的制作，效果如图6.14.5所示。

图6.14.5

 巩固任务

蔬菜水果沙拉制作。

 任务分析

运用【选框工具】、【文字工具】、【形状工具】和编辑/变换、描边、剪贴蒙版、滤镜制作蔬菜水果沙拉。

任务实现

（1）新建图像：宽度为 500 像素，高度为 400 像素，分辨率为 150 像素/英寸。

（2）选择【矩形选框工具】□，绘制一个矩形，填充为黄色（#fff799），如图 6.14.6 所示。

图 6.14.6

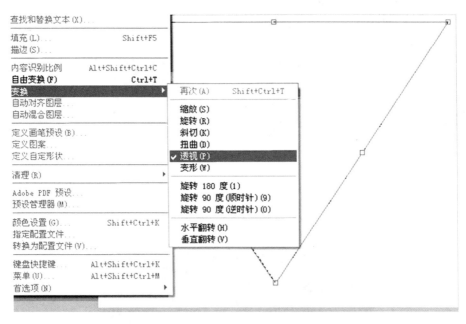

图 6.14.7

（3）按 Ctrl + T 键选中矩形，运用【编辑/变换/透视】调整底下两角点至中间位置（或按 Ctrl + Shirt + Alt 键将矩形的一角向里推，直到两点重合）如图 6.14.7 所示。

（4）打开一组素材图片，如图 6.14.8 所示。

图 6.14.8

图 6.14.9

（5）将图片中的水果分别选中，复制粘贴至主图中，合并成一个图层，如图 6.14.9 所示。

（6）选择【钢笔工具】T，将前景色设置为红色（#f90d08），输入文字"蔬菜水果沙拉", 设置文体为黑体, 字号大小为 29, 如图 6.14.10 所示。

图 6.14.10　　　　　　　　　　图 6.14.11

　　（7）选择【图层/栅格化/文字】命令, 运用【编辑/变换/变形工具】调整字体形状大小, 按住 Ctrl 键点击图层缩览图载入文字选区, 选择【编辑/描边】命令, 设置描边半径为 2 像素, 颜色为白色, 用同样的方法再描边一次, 描边半径为 1 像素, 颜色为黑色, 描边效果如图 6.14.11 所示。

　　（8）把图层拉到文字图层的上方, 在【图层】面板中, 将鼠标放在"图层 2"与"文字层"之间, 按住 Alt 键, 当鼠标变成小剪刀形状时单击, 创建图层剪辑组, 如图 6.14.12 所示。

图 6.14.12

　　（9）新建形状图层, 选择【自定形状工具】🐾, 前景色设置为白色, 画出矢量图形, 如图 6.14.13 所示。

图 6.14.13　　　　　　　　　　图 6.14.14

（10）在素材图片中选出草莓、辣椒，复制粘贴至主图中生成"图层 3"和"图层 4"，调整大小并把图层的不透明度设为 65%，再输入文字"仅售 4 元"如图 6.14.14 所示。

（11）将除"背景"层和"图层 1"以外的所有图层合并，生成"图层 2"，如图 6.14.15 所示。

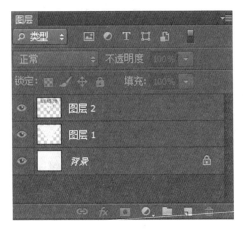

图 6.14.15

图 6.14.16

（12）分别复制"图层 1"和"图层 2"，生成"图层 1 副本"和"图层 2 副本"。按住 Ctrl 键单击"图层 1 副本"，载入其选区，填充为蓝色（#700dd5），如图 6.14.16 所示。

（13）合并"图层 1 副本"和"图层 2 副本"，按 Ctrl + T 键将其缩小，放在画面左下角。

（14）复制 2 个"图层 1 副本"，然后合并副本图层，如图 6.14.17 所示。

图 6.14.17

图 6.14.18

图 6.14.19

（15）重复步骤（12）～（14），将另外两个彩旗的背景改为绿色（#82c896），如图 6.14.18 所示。

（16）将前景色设置为蓝色（#aac8c8），单击"背景"图层，选择【滤镜/艺术效果/塑料包装】命令，结果如图 6.14.19 所示。

项目七　通道抠图与特效制作

项目描述

本项目引领读者了解 Photoshop CS6 的通道的概念、种类、作用和通道混合器功能的运用；指导读者运用通道制作特效（如：金属字、婚纱照）；运用通道进行复杂图像的抠图等。

任务目标

◆熟练通道面板的使用

◆掌握通道的编辑操作

◆掌握通道与通道混合器的具体运用

任务 1　通道制作金属字

任务分析

运用通道、滤镜/高斯模糊制作金属字。

任务实现

（1）单击【文件/新建】命令，新建一个 RGB 模式的图像，并将背景填充为白色。

（2）选取工具箱中的【文字工具】，在选项栏中设置字体、字号、颜色（棕黄色）等。在图像上输入文字"金属字"，单击工具选项栏的 ✓ 按钮，确定文本的输入。

（3）按住 Ctrl 键，点击"金属字"，选定文字图层。

（4）单击【通道】面板，建立 Alpha1 通道，文字填充为白色，如图 7.1.1 所示。

（5）单击【滤镜/模糊/高斯模糊】命令（半径取为 5，这时预览中有隐约的银色）。

（6）单击【图像/调整/曲线】，拉动曲线，调整到适当位置，如图 7.1.2 所示，完成制作。

图 7.1.1   图 7.1.2

 知识导读

（一）通道的基本概念

1. 颜色通道

首先以颜色通道为例解释，一个图片被建立或者打开以后会自动创建颜色通道，例如建立或者打开一个色彩模式为 RGB 的图片，就会在【通道】调板上看到四个通道。一个复合通道，即红、绿、蓝三色合成的通道，大家用肉眼在屏幕上看见的就是这个合成通道，按Ctrl +2键可以打开它，默认它是被选中的。其余三个通道就是 R 通道、G 通道、B 通道。因此，如果打开一个色彩模式为 CMYK 的图片，则会出现五个通道。同时，颜色通道的顺序和名字是不能修改的。

2. Alpha 通道（包括快速蒙版）

Alpha 通道也叫蒙版。快速蒙版是蒙版的一种特殊形式。它的作用是快速建立一个复杂的选区，不过这个选区不能随图像一同保存，而且它只能建立一个。建立快速蒙版之前必须建立一个选区，然后使用快捷键 Q 进入快速蒙版的编辑状态，这时会发现一块淡红色包围的区域。双击"快速蒙版"通道，会出现【快速蒙版选项】对话框。蒙版的颜色可修改，建议颜色与原图的颜色差别大一点以看清蒙版。

编辑快速蒙版，可以直接用黑色或白色画笔来画：黑色画笔的作用是增加蒙版，减少选区；白色画笔的作用是增加选区，减少蒙版。

蒙版工具能建立多个选区（快速蒙版只能建立一个），可以使用选区的加、减与交来制作更加复杂的选区，蒙版建立的时候不需要先建立选区，这又比快速蒙版方便了一些。只需打开通道控制面板，选第三个按钮建立蒙版，建立以后，即可对它进行编辑。

3. 专色通道

专色通道是指一种特殊的混合油墨，特殊是指它不包括在 CMYK 这四种印刷油墨中，混合就是说它是用几种油墨合成的，用于印刷时附加到 CMYK 油墨中。在打印输出中心出片的时候会多出一个胶片，就是它了。它只能在【通道】控制面板菜单中被找到。

（二）通道调板

在 Photoshop 中，【通道】调板列出图像中的所有通道，对于 RGB、CMYK 和 Lab 图像，将最先列出复合通道。通道内容的缩览图显示在通道名称的左侧；在编辑通道时会自动更新缩览图，【通道】调板中一般包含复合通道、颜色通道、专色通道和 Alpha 通道，如图 7.1.3 所示。

图 7.1.3

任务 2　漩涡"春"字制作

📖 任务分析

运用 Alpha 通道、通道选区的载入、【扭曲】滤镜、【旋转】滤镜、放射型渐变和图层样式等制作具有喜庆色彩的漩涡字"春"。

🎨 任务实现

（1）选择【文件】菜单下的【新建】命令，新建一个大小为 400 像素×400 像素，分辨率为 150 像素/英寸，颜色模式为 RGB 的图像文件。

（2）单击【通道】面板上的按钮，新建一个通道"Alpha1"，如图 7.2.1 所示。

图 7.2.1　　　　　　　　　　　　　　　　　图 7.2.2

（3）单击工具栏中的【文字工具】，在图像任意地方单击，在弹出的文本框中输入

"春"字,字体为隶书,按 Enter 键完成输入,可以看到在图中出现了文字选区并填充为白色,如图 7.2.1 所示。

(4)单击工具栏上的【椭圆选框工具】,按住 Shift 键,用鼠标在字母"春"字顶端拉出一个正圆,如图 7.2.2 所示。

(5)单击【滤镜】菜单,选择【扭曲】子菜单,再选择【旋转】滤镜,在打开的对话框中设置旋转角度为 −900 度,在预览的小窗口中就能看到效果了,已经将选区内的文字部分旋转,然后按 Enter 键完成变形,按 Ctrl + F 键再执行一次滤镜,如图 7.2.3 所示。

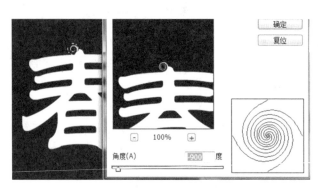 

图 7.2.3   图 7.2.4

(6)用相同的方法在"春"字的其他位置制作圆形,并使用【旋转】滤镜进行旋转(注意需要不断地调整选区的大小和角度),如图 7.2.4 所示。

(7)现在开始制作背景效果及文字色彩的渐变。单击【通道】面板中的 RGB 通道,进入复合颜色通道。

(8)选择【渐变工具】，渐变样式设置为【径向渐变】，打开【渐变编辑器】对话框,设置渐变颜色为红色到黄色,如图 7.2.5 所示。

图 7.2.5   图 7.2.6

（9）用鼠标在图像中由中心至边缘按直线路径拖曳，图像就产生了色彩渐变效果，按 Ctrl + F 键三次，再次执行【旋转】滤镜三次，如图 7.2.6 所示。

（10）单击【选择】菜单，选择【载入选区】命令，将"Alpha 1"通道载入，文字选区出现在图像中。在【渐变编辑器】对话框中设置渐变颜色为红色到金黄色，进行渐变操作，如图 7.2.7 所示。

图 7.2.7

图 7.2.8

（11）用鼠标由文字中心至边缘按线条路径拖曳，文字就产生了渐变效果。按 Ctrl + D 键取消选择，如图 7.2.8 所示。

（12）回到"背景"图层，单击【选择】菜单，选择【载入选区】命令，将"Alpha 1"通道载入，文字选区出现在图像中。按 Ctrl + J 键复制"图层 1"，选择【图层/图层样式/混合选项】，单击打开【图层样式】对话框，设置"内发光"效果，参数设置如图 7.2.9 所示。

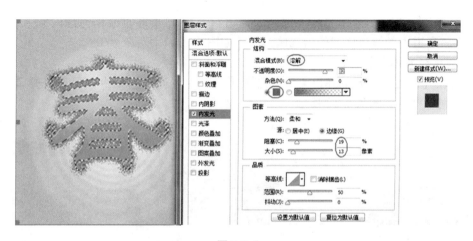

图 7.2.9

知识导读

通道的基本操作

1. 新建 Alpha 通道方法

方法一：在【通道】调板中单击【创建新通道】按钮，此时在【通道】调板中就会新建一个黑色 Alpha 通道。

方法二：在弹出菜单中选择【新建通道】命令，打开【新建通道】对话框，在其中可以设置新建 Alpha 通道的设置选项，单击【确定】按钮即可新建一个 Alpha 通道。

2. 复制与删除通道方法

方法一：在【通道】调板中拖动选择的通道到【创建新通道】按钮上，即可得到该通道的一个副本。

方法二：在【通道】调板中拖动选择的通道到【删除通道】按钮上，即可将当前通道从【通道】调板中删除。

3. 编辑 Alpha 通道

创建 Alpha 通道后，可以通过相应的工具或命令对创建的 Alpha 通道进行进一步的编辑，在【通道】调板中让 Alpha 通道前面的小眼睛显示出来，可以更加直观地编辑通道，此时的编辑方法与编辑快速蒙版相类似，默认状态下，通道中黑色部分为保护区域，白色区域为可编辑位置，如图 7.2.10 所示。

图 7.2.10   图 7.2.11

4. 将通道作为选区载入

在【通道】调板中选择要载入选区的通道后，单击【将通道作为选区载入】按钮，此时就会将通道中的浅色区域作为选区载入，如图 7.2.11 所示。

5. 创建和编辑专色通道

（1）在【通道】调板的弹出菜单中选择【新建专色通道】命令，可以打开【新建专色通道】对话框，如图 7.2.12 所示。

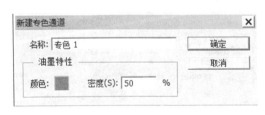

图 7.2.12   图 7.2.13

（2）设置"油墨特性"的【颜色】和【密度】后，单击【确定】按钮，即可在【通道】调板中新建专色通道，如图 7.2.13 所示。

（3）如果在图像中存在选区，创建专设通道的方法与无选区相同，只是在专色通道中可以看到选区内的专色，如图 7.2.14 所示。

图 7.2.14   图 7.2.15

（4）将背景色设置为黑色（#000000），使用【画笔工具】对图像进行涂抹改变专色形状，如图 7.2.15 所示。

6. 分离与合并通道

在 Photoshop 的【通道】调板中存在的通道是可以进行重新拆分和拼合的，拆分后可以得到不同通道下的图像显示的灰度效果，通过【合并通道】命令，可以将分离并单独调整后的图像还原为彩色，只是因设置的通道图像的不同而产生颜色差异。

（1）分离通道在【通道】弹出菜单中选择【分离通道】命令，即可将图像拆分为组成彩色图像的灰度图像，如图 7.2.16 所示为分离前后的图像显示效果。

图 7.2.16

（2）单击【通道】调板弹出菜单中的【合并通道】选项，系统会弹出如图 7.2.17 所示的【合并通道】对话框。在【模式】下拉列表中选择【RGB 颜色】，在【通道】文本框中输入数量为 3，如图 7.2.17 所示。

图 7.2.17   图 7.2.18

（3）调整完毕后单击【确定】按钮，会弹出【合并 RGB 通道】对话框，在【指定通道】项目中指定合并后的通道，如图 7.2.18 所示。

（4）设置完毕后单击【确定】按钮，完成合并效果，如图 7.2.19 所示。

图 7.2.19

任务3　计算法抠孔雀

 任务分析

对于背景色不复杂、对象层次分明的图像，抠图通常会选择【魔棒工具】或图层蒙版来处理，但是对于背景复杂或与背景融合较深的图像则往往力不从心。本任务运用通道和计算法可以抠出复杂对象。

 任务实现

（1）打开素材文件，打开【通道】面板，发现蓝通道背景色较暗，如图 7.3.1 所示。

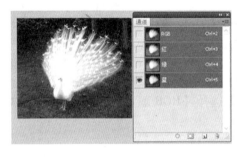

图 7.3.1

图 7.3.2

（2）回到"背景"图层，执行【图像/计算】命令，混合模式为【正片叠底】，其他参数如图 7.3.2 所示，这样的操作所产生的背景比原来的要暗，而孔雀的白色部分混合几乎不会产生什么明暗的变化。

（3）生成"通道1"，执行【图像/调整/色阶】命令，参数设置如图7.3.3所示。

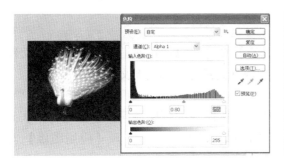 

图7.3.3　　　　　　　　　　　　　　　图7.3.4

（4）按住 Ctrl 键，用鼠标点击"通道1"的缩览图，得到选区；选择"背景"图层，按 Ctrl + J 键得到"图层1"，如图7.3.4所示。

（5）将"图层1"的图层混合模式改为【滤色】；在"图层1"下建立"图层2"，并选取适当颜色进行填充，得到效果如图7.3.5所示。

图7.3.5　　　　　　　　　　　　　　　图7.3.6

（6）使用【磁性套索工具】抠出孔雀的腿，然后按 Ctrl + J 键得到"图层3"，合并"图层1"和"图层3"得到完整的孔雀，如图7.3.6所示。

（7）加入背景素材并调整图层顺序，最终效果如图7.3.7所示。

图7.3.7

 知识导读

（一）应用图像与计算

在 Photoshop 中使用【应用图像】或【计算】命令可以通过通道与蒙版的结合而使图像混合得更加细致，调出更加完美的选区，生成新的通道或创建新文档。

1. 应用图像

【应用图像】可以将源图像的图层或通道与目标图像的图层或通道进行混合，从而创建出特殊的混合效果。执行菜单【图像/应用图像】命令，即可打开【应用图像】对话框，如图 7.3.8 所示。

图 7.3.8

其中的各项含义如下：

源：用来选择与目标图像相混合的源图像文件。

图层：如果源文件是多图层文件，则可以选择源图像中相应的图层作为混合对象。

通道：用来指定源文件参与混合的通道。

反相：勾选该复选框可以在混合时使用通道内容的负片。

目标：当前工作的文件图像。

混合：设置图像的混合模式。

不透明度：设置图像混合效果的强度。

保留透明区域：勾选该复选框，可以将效果只应用于目标图层的不透明区域而保留原来的透明区域。如果该图像只存在于"背景"图层，那么该选项将不可用。

蒙版：可以应用图像的蒙版进行混合，勾选该复选框，可以弹出蒙版设置选项。

图像：在下拉菜单中选择包含蒙版的图像。

图层：在下拉菜单中选择包含蒙版的图层。

通道：在下拉菜单中选择作为蒙版的通道。

反相：勾选该复选框，可以在计算时使用蒙版的通道内容的负片。

2．计算

使用【计算】命令可以混合两个来自一个或多个源图像的单个通道，从而得到新图像、新通道或当前图像的选区。执行菜单【图像/计算】命令，即可打开【计算】对话框，如图7.3.9所示。

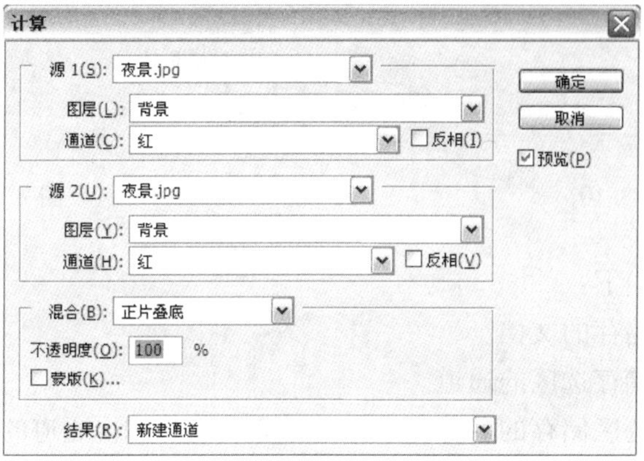

图7.3.9

其中的各项含义如下：

通道：用来指定源文件参与计算的通道，在【计算】对话框中的【通道】下拉菜单中不存在复合通道。

结果：用来指定计算后出现的结果，包括新建文档、新建通道和选区。

新建文档：选择该项后，系统会自动生成一个多通道文档。

新建通道：选择该项后，在当前文件中新建Alpha1通道。

选区：选择该项后，在当前文件中生成选区。

（二）储存与载入选区

在Photoshop中储存的选区通常会被放置在Alpha通道中，再将选区进行载入时，被载入选区就是存在于Alpha通道中的选区。

1．储存选区

在处理图像时，创建的选区不止使用一次，如果想对创建的选区进行多次使用，就应该将其储存，以便以后的多次应用，对选区的储存可以通过【存储选区】命令来完成，比如在一张打开的图像中创建一个选区，执行菜单【选择/存储选区】命令，即可打开【存储选区】对话框，如图7.3.10所示。

图 7.3.10　　　　　　　　　　　　　　　　图 7.3.11

其中的各项含义如下：

文档：当前选区储存的文档。

通道：用来选择储存选区的通道。

名称：设置当前选区储存的名称，设置的结果会将 Alpha 通道的名称替换。

新建通道：储存当前选区到新通道中，如果通道中存在 Alpha 通道，在储存新选区时，在对话框的【通道】中选择存的 Alpha 通道时，操作部分的【新建通道】会变成【替换通道】，其他的选项会被激活，如图 7.3.11 所示。

替换通道：替换原来的通道。

添加到通道：在原有通道中加入新通道，则组合成新的通道。

从通道中减去：在原有通道中加入新通道，如果选区相交，则合成的选择区域会刨除相交的区域。

与通道交叉：在原有通道中加入新通道，如果选区相交，则合成的选择区域只留下相交的部分。

2. 载入选区

储存选区后，在以后的应用中会经常用到储存的选区，下面讲解将储存的选区载入的方法，当储存选区后，执行菜单【选择/载入选区】命令，可以打开【载入选区】对话框，如图 7.3.12 所示。

图 7.3.12　　　　　　　　　　　　　　　　图 7.3.13

其中的各项含义如下：

文档：要载入选区的当前文档。

通道：载入选区的通道。

反相：勾选该复选框，会将选区反选。

新建选区：载入通道中的选区，当图像中存在选区时，勾选此项可以替换图像中的选区，此时操作部分的其他选项会被激活，如图 7.3.13 所示。

添加到选区：载入选区时与图像的选区合成一个选区。

从选区中减去：载入选区时与图像中选区交叉的部分将会被刨除。

与选区交叉：载入选区时与图像中选区交叉的部分将会被保留。

（三）通道混合器

1. 通道混合器的工作原理

通道混合器的工作原理是：选定图像中某一通道作为处理物件（即输出通道），然后可以根据图像的本通道信息及其他通道信息进行加减计算，达到调节图像的目的。注意进行加或减的颜色信息来自本通道或其他通道的同一图像位置，即空间上某一通道的图像颜色信息可由本通道和其他通道颜色信息来计算。输出通道可以是源图像的任一通道，源通道根据图像色彩模式的不同会有所不同，当色彩模式为 RGB 时，源通道为 R、G、B；当色彩模式为 CMYK 时，源通道为 C、M、Y、K。假设以青色通道为处理物件，即图中操作的结果只在青色通道中体现，因此青通道为输出通道。图中的计算为：所有图像的青色通道原有颜色信息（滑块仍在 100% 处），减去同图像位置的黄色信息的 32%，加上同图像位置的品红通道颜色信息的 22%，再在此基础上增加 16% 的网点大小。因此输出的图像的青色网点百分比为：$C = C + M \times 22\% - Y \times 32\% + 16\%$。例如某图像颜色为 C：40%，M：50%，Y：30%，K：0，经图中操作处理后，输出颜色为 C：57%，M：50%，Y：30%，K：0。图中"常数"的意思是：本通道的信息直接增加或减少颜色表示量最大值的百分比，这里的 10% 其实就是 10% × 100%。通道混合器只在图像色彩模式为 RGB、CMYK 时才起作用，在图像色彩模式为 Lab 或其他模式时，不能进行操作。

2. 通道混合器的操作

打开素材文件，执行【图像/调整/通道混合器】命令，打开【通道混合器】对话框。

选择输出红色通道，向左拖移任何源通道的滑块以减少该通道在输出通道中所占的百分比，或向右拖移以增加此百分比，或在文本框中输入一个介于 − 200% 和 + 200% 之间的值。

拖移滑块为"常数"选项输入数值。该选项将一个具有不同不透明度的通道添加到输出通道，如图 7.3.14 所示。

图 7.3.14

（1）如果想得到灰度图，可选择【单色】，将相同的设置应用于所有输出通道，创建只包含灰色值的彩色图像。在将要转换为灰度的图像中，可分别调节各源通道形成灰色的比例。如果先选择再取消选择【单色】选项，可以单独修改每个通道的混合，从而创建一种特殊色调的图像。

（2）点击【确定】按钮，完成加深红色通道操作。

3．利用通道混合器进行图像处理

（1）彩色图像颜色调节：打开一幅草地图像，如图 7.3.15 所示，一眼就可看出图中草地的颜色存在问题，草的颜色偏青，缺少绿色。因此要想办法增加草地颜色中的 Y 值。为了不影响其他颜色，一般较方便的方法是使用可选颜色校正工具进行处理，以青色作为处理物件，把青色中的 Y 加上去，可是效果不会很好。其原因是：在草地的颜色中，本身 Y 网点的含量很少（例如，读取有代表的一点的颜色值是 C：64％，M：24％，Y：7％，K：14％），要想在此基础上增加 Y 网点大小较困难。利用【通道混合器】对这幅图像进行处理就十分简单。因图中主要是在青色部位增加 Y 的网点大小，可直接利用青通道现有的 C 网点，以此为基础来进行黄通道的 Y 网点大小的增加。这样处理还不会改变图像原有层次，原先 C 值大的图像，增加的 Y 要大一些；原先 C 值小的图像，增加的 Y 要小一些，最后得到的层次和原先是一致的。这里以黄通道为输出通道，利用青通道的颜色信息来增加相应图像点的为黄色信息，图中原先偏青的草地马上变绿了，如图 7.3.16 所示，这个例子说明在某一通道缺乏颜色信息时，利用【通道混合器】来借用其他通道的颜色信息是非常有效的。

图 7.3.15　　　　　　　　　　　　图 7.3.16

（2）利用通道混合器调节图像饱和度：增加黑色或者是增加相反色的颜色网点可降低图像的饱和度。利用这一原理，在要降低颜色饱和度时，增加黑色或相反色就能达到目的。同样，降低黑色或降低颜色中相反色的网点可以提高图像的饱和度。利用此原理，在要提高饱和度的颜色中降低 K 的网点大小或降低相反色的网点大小就能达到目的。例如，利用【通道混合器】可以使颜色 C：80%，Y：100%，K：20% 的饱和度得到提高：首先分析该颜色应是绿色，C：80%，Y：100%，K：20% 的相反色是 K：20%。用【色相/饱和度】不能达到提高饱和度的目的，利用【通道混合器】可以达此目的。选择输出通道为黑色通道，往左调节源通道青或黄的滑块，就能使颜色变为 C：80%，Y：100%。

（3）利用通道混合器创建灰度图像：有时我们要将彩色图像转换为灰色图像，如果在色彩模式中直接执行转换为灰度的操作，可能会得不到理想的结果。因为这种转换是按颜色的深浅来进行的，没有考虑各个通道的网点大小。而黄色、品红、青色的深浅是不同的。如果用【通道混合器】做转换，可做有针对性的调节，调整各个通道在形成灰色时的贡献。选中单色，然后调节各通道的大小，即把各通道的网点按图中的比例加到黑色通道上去。最后形成的图像色彩模式保持不变，如果原来是 CMYK 色彩模式，则结果只有黑色通道有颜色信息，其他三个通道全部为 0，即为白色。

任务4　利用通道混合器创建带某色调的图像

 任务分析

本任务利用通道混合器还可进行创意设计，让图像偏某一色调，获得意想不到的效果。

 任务实现

（1）打开素材"婚纱 2.jpg"，执行【通道混合器】操作，选中【单色】。通道混合器的输出通道显示为【灰色】，如图 7.4.1 所示，然后再去掉单色选择。

（2）再在输出通道中分别选择青色、黄色、品红色，调节【通道混合器】中的各个滑块，直到满意的结果出现。

（3）点击【确定】按钮，结束操作，如图 7.4.2 所示。

图 7.4.1

图 7.4.2

任务 5 抠狗尾巴草

 任务分析

"抠图"是抠取图像的简称，多和选区结合进行操作。抠取图像的方法有很多，而仅Photoshop 软件就为用户提供了不少于 7 种选区制作工具，以便于用户能对图像进行多方位的处理和调整。这里介绍结合通道进行抠图的方法。要明确抠取的是图像中的哪一部分，分别用黑色和白色来表示。通道中白色的部分表示选择的区域，黑色部分表示未选择的区域。

 任务实现

（1）打开素材图，创建"图层 2"，填充白色到绿色的渐变，如图 7.5.1 所示。

图 7.5.1   图 7.5.2

（2）关闭"图层 2"左边的小眼睛，点击"背景"图层，进入通道，观察通道，绿色通道的层次感最好，如图 7.5.2 所示。

（3）选择绿色通道并复制，得到绿副本通道，如图 7.5.3 所示。

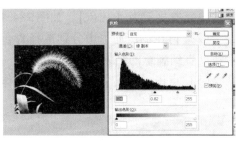

图 7.5.3   图 7.5.4

（4）执行【图像/调整/色阶】命令，参数设置如图 7.5.4 所示。用黑画笔把穗子及枝干中间以外的白点涂黑。

（5）载入绿副本通道选区，出现蚂蚁线，回到"背景"图层，如图 7.5.5 所示。

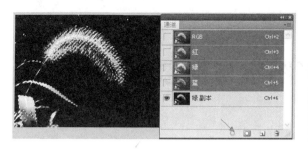

图 7.5.5　　　　　　　　　　　　　　　图 7.5.6

（6）按 Ctrl + J 键得到"图层 2"，设置图层混合模式为【滤色】，如图 7.5.6 所示。

（7）按 Ctrl + J 键复制一层，得到"图层 2 副本"，设置图层混合模式为【叠加】，得到一个晶莹剔透的狗尾巴草，如图 7.5.7 所示。

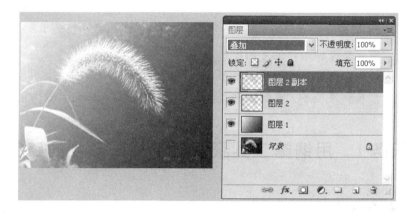

图 7.5.7

项目八 图形图案与标志制作

 项目描述

本项目引领读者掌握 Photoshop CS6 的形状与路径等工具的操作运用；指导读者运用形状和路径等工具制作选区和形状；运用【钢笔工具】和【自定形状工具】制作图形图案、卡通及设计各种形状的 Logo 标志等。

 任务目标

◆ 能熟练掌握对路径和形状细节的处理方法
◆ 能运用形状和路径等工具进行基本形状和图形的绘制
◆ 能够运用形状和路径等工具独立进行具有一定水平的 Logo 设计

任务 1　用钢笔工具获取一不规则形状的路径

 任务分析

学会运用【钢笔工具】抠出不规则形状的物体。

 任务实现

（1）选择【钢笔工具】，然后移动鼠标至图像窗口单击，开始第一个锚点。
（2）移动【钢笔工具】连续单击绘制多条线段。
（3）完成线段绘制，当鼠标指针右下方出现一个小圆圈时，单击完成封闭路径的绘制。

图 8.1.1

 知识导读

（一）什么是路径

Photoshop 中的路径指的是在图像中使用【钢笔工具】或【形状工具】创建的贝塞尔曲线轮廓，路径多用于自行创建矢量图像或对图像的某个区域进行精确抠图，路径不能够打印输出，只能存放于【路径】调板中。

（二）路径与形状的区别

路径与形状都是通过【钢笔工具】或【形状工具】来创建的，两者的区别在于路径表现的是绘制图形以轮廓的形式进行显示，不可以进行打印；形状表现的是绘制的矢量图像以蒙版的形式出现在【图层】调板中，绘制形状时系统会自动创建一个形状图层，形状可以参与打印输出和添加图层样式。

1. 形状图层

在 Photoshop 中形状图层可以通过【钢笔工具】或【形状工具】来创建，在【图层】调板中一般以矢量蒙版的形式进行显示，更改形状的轮廓可以改变页面中显示的图像。

2. 路径

在 Photoshop 中路径由直线或曲线组合而成，锚点就是这些线段或曲线的端点。使用【转换点工具】在锚点上拖动便会出现控制杆和控制点，拖动控制点就可以更改路径在图像中的形状。

3. 填充像素

在 Photoshop 中填充像素可以认为是绘制选区后，再以前景色填充，如果不新建图层，那么使用填充像素填充的区域会直接出现在当前图层中，此时是不能被单独编辑的，填充像素不会自动生成新图层。

（三）绘制路径

在绘制的路径中包括直线路径、曲线路径和封闭路径几种。

1. 钢笔工具

【钢笔工具】是 Photoshop 所有路径工具中最精确的工具。使用【钢笔工具】可以精确地绘制出直线或光滑的曲线，还可以创建形状图层。使用方法也非常简单，只要在页面中选择一点单击，移动到下一点再单击，就会创建直线路径；在下一点按下鼠标并拖动会创建曲线路径，按 Enter 键绘制的路径会形成不封闭的路径；在绘制路径的过程中，当起点的锚点与终点的锚点相交时，鼠标指针会变成圆圈图标，此时单击鼠标，系统会将该路径创建成封闭路径，如图 8.1.2 所示。

图 8.1.2　　　　　　　　　　　　　　　　图 8.1.3

选择【钢笔工具】后，选项栏则会显示针对该工具的一些属性设置，如图 8.1.3 所示。

其中的各项含义如下：

自动添加/删除：勾选此复选框后，【钢笔工具】就具有了自动添加或删除锚点的功能。当【钢笔工具】的光标移动到没有锚点的路径上时，光标右下角会出现一个小"＋"号，单击鼠标便会自动添加一个锚点；当【钢笔工具】的光标移动到有锚点的路径上时，光标右下角会出现一个小"－"号，单击鼠标便会自动删除该锚点。

橡皮带：勾选此复选框后，使用【钢笔工具】绘制路径时，在第一个锚点和要建立的第二个锚点之间会出现一条虚拟的线段。只有单击鼠标后，这条线段才会变成真正存在的路径。

路径绘制模式：用来对创建路径方法进行运算的方式，包括添加到路径区域、从路径区域减去、交叉路径区域和重叠路径区域除外。添加到路径区域：可以将两个以上的路径进行重组。具体操作与选区相同。从路径区域减去：创建第二个路径时，会将经过第一个路径的位置的区域减去。具体操作与选区相同。交叉路径区域：两个路径相交的部位会被保留，其他区域会被刨除。具体操作与选区相同。重叠路径区域除外：选择该项创建路径时，当两个路径相交时，重叠的部位会被路径刨除。

2. 自由钢笔工具

使用【自由钢笔工具】可以在页面中任意绘制路径，当变为【磁性钢笔工具】时可以快速地沿图像反差较大的像素边缘进行自动描绘。【自由钢笔工具】的使用方法非常简单，就像在手中拿着画笔在页面随意绘制一样，松开鼠标则停止绘制。

选择【自由钢笔工具】后，选项栏会显示针对该工具的一些属性设置，如图8.1.4所示。

图8.1.4

其中的各项含义如下：

曲线拟合：用来控制光标产生路径的灵敏度。输入的数值越大，自动生成的锚点越少，路径越简单。输入的数值范围是0.5～10。

磁性的：勾选此复选框后【自由钢笔工具】会变成【磁性钢笔工具】，光标也会随之变化。【磁性钢笔工具】与【磁性套索工具】相似，都是自动寻找物体边缘的工具。

宽度：用来设置磁性钢笔与边之间的距离，以区分路径。输入的数值范围是1～257。

对比：用来设置磁性钢笔的灵敏度。数值越大，要求的边缘与周围的反差越大。输入的数值范围是1%～100%。

频率：用来设置在创建路径时产生锚点的多少。数值越大，锚点越多。输入的数值范围是0～100。

钢笔压力：增加钢笔的压力，会使钢笔在绘制路径时变细。此选项适用于数位板。

任务2　"心"形状绘制

 任务分析

运用【钢笔工具】、【转换点工具】绘制基本的心形，掌握控制锚点方向线来调整线条的平滑度，能制作出具有流线形状的物体。

 任务实现

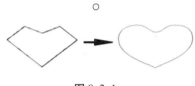

图 8.2.1

（1）使用【钢笔工具】绘制基本轮廓。

（2）选择【转换点工具】在起点与终点的连接锚点上按住鼠标拖动使之成为曲线。

（3）拖动控制杆调制出合适的形状。

Tips 按住 Ctrl 键的同时单击锚点可使两边的锚点方向线显示出来；按住 Alt 键可进行【钢笔工具】和【转换点工具】之间的快速转换。

 知识导读

编辑路径

在 Photoshop CS6 中创建路径后，对其进行相应的编辑也是非常重要的。对路径进行编辑主要体现在添加、删除锚点，更改曲线形状，移动与变换路径等。用来进行编辑的工具主要包括【添加锚点工具】、【删除锚点工具】、【转换点工具】、【路径选择工具】和【直接选择工具】。

1. 添加锚点工具

在 Photoshop 中使用【添加锚点工具】可以在已创建的直线或曲线路径上添加新的锚点。添加锚点的方法非常简单，只要使用【添加锚点工具】，将光标移到路径上，此时光标右下角会出现一个小"＋"号，单击鼠标便会自动添加一个锚点。

2. 删除锚点工具

在 Photoshop 中使用【删除锚点工具】可以将路径中存在的锚点删除。删除锚点的方法非常简单，只要使用【删除锚点工具】，将光标移到路径中的锚点上，此时光标右下角会出现一个小"－"号，单击鼠标便会自动删除该锚点。

3. 转换点工具

使用【转换点工具】可以让锚点在平滑点和转换点之间进行变换。【转换点工具】没有属性栏。

4. 路径选择工具

在 Photoshop 中使用【路径选择工具】主要是为了快速选取路径或对其进行适当的编辑变换。【路径选择工具】的使用方法与【移动工具】相类似。不同的是该工具只对图像中创建的路径起作用。

选择【路径选择工具】后，选项栏中会显示针对该工具的一些属性设置，如图 8.2.2 所示。

图 8.2.2

其中的各项含义如下：

填空和描边选项框：可更改填充颜色、描边颜色。

路径的高度和宽度：可输入数值更 Photoshop CS6 路径的宽度和高度。

路径的运算：依次是新建图层、合并形状、减去顶层形状、与形状区域相交、排除重叠形状、合并形状组件，如图 8.2.3 所示。

图 8.2.3　　　　　　图 8.2.4　　　　　　图 8.2.5

分布对齐：对齐分别是顶对齐、垂直居中对齐、底对齐、左对齐、水平居中对齐、右对齐（两个或两个以上图层）；分布分别是按顶分布、垂直居中分布、按底分布、按左分布、水平居中分布、按右分布（三个或三个以上图层），如图 8.2.4 所示。

排列顺序：包括将形状置为顶层、将形状前移一层、将形状后移一层和将形状置为底层，如图 8.2.5 所示。

勾选约束路径：它只会针对所选择的一段路径进行更改，而不会影响其他段路径。

5. 直接选择工具

在 Photoshop 中使用【直接选择工具】可以对路径进行相应的调整。可以直接调整路径，也可以在锚点上拖动，从而改变路径形状。

任务3　红树标志设计

　任务分析

　　运用形状图层、形状图形的运算和排列组合、图层样式及【钢笔工具】绘制形状路径，用路径的变形调整以及路径转化为选区等工具为企业制作具有一定特色的标志图案。

　任务实现

　　（1）执行【文件/新建】命令，新建宽度为 10 厘米，高度为 12 厘米，分辨率为 150 像素/英寸，背景内容为白色的文件。

　　（2）执行【视图/新建参考线】命令，调出两条参考线，如图 8.3.1 所示。

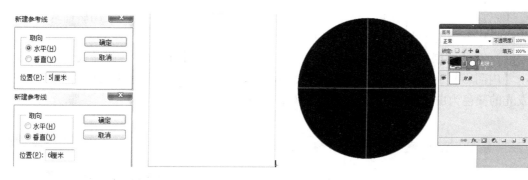

图 8.3.1　　　　　　　　　　　　　　　　　图 8.3.2

　　（3）单击【椭圆工具】　，并激活属性中的　形状　选项，将鼠标光标移动到参考线交点位置，按下鼠标左键，在不放开鼠标的情况下按下 Shift + Alt 键画出一个以参考线交叉点为圆心的正圆，此时【图层】面板中会自动生成一个形状图层，如图 8.3.2 所示。

　　（4）回到【图层】面板，双击图层"形状 1"，弹出【图层样式】对话框，设置各项参数，如图 8.3.3 所示。

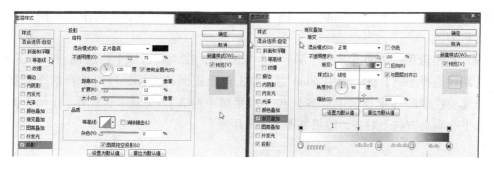

图 8.3.3

（5）按 Ctrl +J 键复制出"形状 1 副本"图层，按 Ctrl + T 键为复制的形状作自由变换，设置选项栏参数为 W: 90.0% H: 90.0% ，之后按下 Enter 键，缩小后的图层如图 8.3.4 所示。

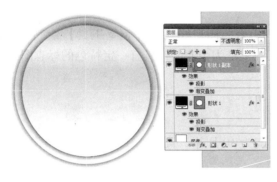 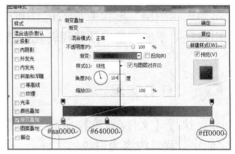

图 8.3.4   图 8.3.5

（6）设置"形状 1 副本"图层为当前层，双击【渐变叠加】，打开【图层样式】对话框，修改其的参数，效果如图 8.3.5 所示。

（7）在【图层样式】对话框的左侧窗口中单击【投影】选项，将此样式取消，依次单击【内阴影】和【外发光】选项，并分别设置参数，内阴影的颜色为灰色（#b9b9be），外发光的颜色为白色（#ffffff），参数设置如图 8.3.6 所示。

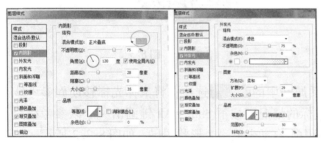  

图 8.3.6   图 8.3.7

（8）设置前景色为暗红色（#830000），单击工具箱中的【椭圆工具】 ，单击选项栏中的 形状 选项，然后按 Shift 键，同时拖曳鼠标绘制如图 8.3.7 所示的正圆，生成图层"形状 2"。

（9）单击选项栏中的【减去顶层形状】 按钮，在绘制区域上再绘制一个小的正圆。单击【路径选择工具】 ，按住 Shift 键，点击两个正圆的路径，同时选择两个路径，依次单击选项栏中的【垂直居中对齐】和【水平居中对齐】 ，让两个路径分别在水平和垂直方向上对齐，效果如图 8.3.8 所示。

图 8.3.8　　　　　　　　　　　　　　　　图 8.3.9

（10）将"形状 1"图层设置为当前工作层，并在其上单击鼠标右键选择【复制图层样式】命令。回到"形状 2"图层，单击鼠标右键选择【粘贴图层样式】，将复制的图层样式粘贴到"形状 2"图层上，为"形状 2"图层添加与"形状 1"图层相同的图层样式，最终效果如图 8.3.9 所示。

（11）执行【视图/清除参考线】命令，然后单击【钢笔工具】 ，在画面中绘制出路径，配合使用【转换点工具】 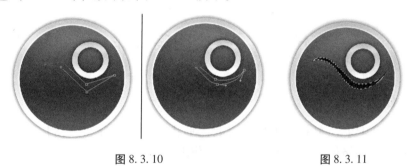 和【路径选择工具】 ，将绘制的路径调整到如图8.3.10 所示的形态。

（12）按 Ctrl + Enter 键将路径转换为选区，在【图层】面板中新建"图层 1"，为选区填充黑色（#000000），效果如图 8.3.11 所示。

图 8.3.10　　　　　　　　　　　图 8.3.11

（13）利用工具箱中的【钢笔工具】 、【转换点工具】  和【路径选择工具】 ，在画面中画出如图 8.3.12 所示的路径。

图 8.3.12　　　　　　　　　　　图 8.3.13

（14）新建"图层 2"，按 Ctrl + Enter 键将路径转换为选区，并填充为黑色（#000000），参考步骤（10）的方法为"图层 1"和"图层 2"添加与"形状 1"相同的图层样式，效果如图 8.3.13 所示。

（15）按 Ctrl + Shift 键，分别点击"图层 1"和"图层 2"的缩览图，载入选区，按 Ctrl + T 键，适当改变其大小并旋转图形，效果如图 8.3.14 所示。

（16）单击工具箱中的【横排文字工具】 T.，输入字母"REDTREES"和文字"红树"，字体为华文云彩，字号大小为 30，效果如图 8.3.15 所示。

图 8.3.14   图 8.3.15

任务 4 花纹图案制作

 任务分析

运用【钢笔工具】、【转换点工具】、【自定形状工具】、【路径工具】及路径的组合运算、路径描边、填充路径和图层样式等工具制作出复杂的花纹图案。

 任务实现

（1）新建大小为 500 像素 × 500 像素，分辨率为 150 像素/英寸，背景内容为透明的文件。选择【视图/标尺】，拖动水平和垂直两条参考线以确定图像的中心。

（2）单击工具箱中的形状工具组中的【椭圆工具】 ⬭，在工具选项栏中选择 路径 ↕ 选项，按住 Alt + Shift 键以图像中心为圆心绘制一个小圆，效果如图 8.4.1 所示。

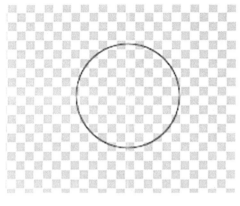

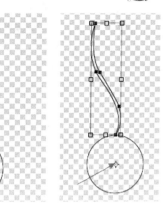

图 8.4.1　　　　　图 8.4.2　　　　图 8.4.3

（3）在小圆外用【钢笔工具】绘制如图 8.4.2 所示的路径。用【路径选择工具】 ，选中新绘制的路径，按下 Ctrl + Alt + T 键复制变换对象，调整变换的中心点到图像的中心，如图 8.4.3 所示。

（4）在工具栏中设置旋转角度为 20°，按下 Enter 键确定变换。按住 Ctrl + Shift + Alt 键的同时，多次点按 T 键直到形成一个圆，如图 8.4.4 所示。

（5）使用【路径选择工具】圈选全部路径，在工具选项栏中设置为 合并形状，然后单击该按钮，将所有路径组合成一个整体。

（6）使用【椭圆工具】绘制两个同心圆环，如图 8.4.5 所示，选择两个圆，在工具选项栏中设置为【重叠形状区域除外】，然后单击 合并形状 按钮，将两个圆环组合；再次圈选全部路径，在工具选项栏中设置为【添加到形状区域】，然后单击【组合】按钮，将所有路径组合成一个整体，效果如图 8.4.6 所示。

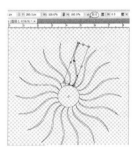

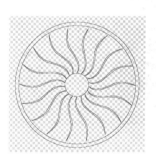

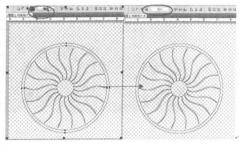

图 8.4.4　　　　　　图 8.4.5　　　　　　　图 8.4.6

（7）选择【自定形状工具】，使用窗花❖形状绘制一个小的路径形状，用与前面相同的方法进行旋转复制并进行路径组合，效果如图 8.4.7 所示。

图 8.4.7   图 8.4.8

（8）设置前景色为黄色（#f9910a），点击【路径】面板底部的【用前景色填充路径】按钮填充路径，重新设置前景色为红色（#ff4455）。选择【画笔工具】并设置画笔大小为3 个像素，点击【路径】面板底部的【用前景色描边路径】按钮，对路径进行描边，效果如图 8.4.8 所示。

（9）设置前景色为蓝色（#092076），选择【矩形工具】，绘制蓝色矩形图形，选择【图层/图层样式】，设置"斜面和浮雕"效果，参数设置如图 8.4.9 所示。

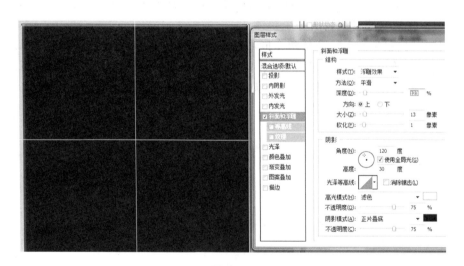

图 8.4.9

（10）选择【图层/栅格化/形状】命令，然后把图层移到"图层 1"的下方，选择"图层 1"为当前图层，按 Ctrl + T 键调整形状的大小和位置，双击"图层 1"的缩览图，弹出【图层样式】对话框，设置"斜面和浮雕"效果，参数设置如图 8.4.10 所示。

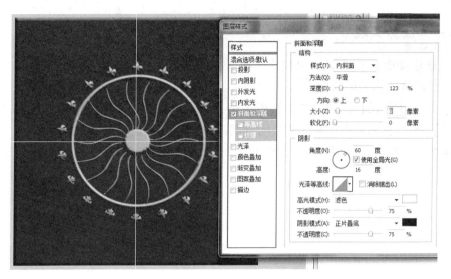

图 8.4.10

（11）按 Ctrl + J 键复制出"图层 1 副本"，按 Ctrl + T 键缩小形状，再按住 Ctrl 键点击"图层 1 副本"的缩览图载入形状选区，选择【移动工具】 ，按住 Alt 键不放，拖动复制三个相同的图形并分别放置在三个角的位置（将"图层 1 副本"放在剩余的一个角），如图 8.4.11 所示。

（12）双击"图层 1 副本"的缩览图，弹出【图层样式】对话框，设置"图案叠加"样式，选择【金色羊皮纸图案】，如图 8.4.12 所示，至此完成制作。

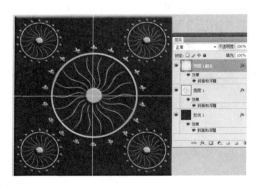
图 8.4.11

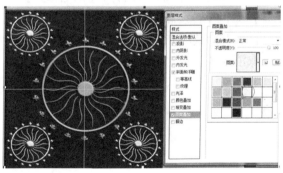
图 8.4.12

任务 5　艺术标志制作

 任务分析

运用路径及路径与选区的转换、路径的运算与组合等轻松制作艺术标志。

任务实现

（1）新建宽度为 10 厘米，高度为 6 厘米，分辨率为 150 像素/英寸，颜色模式为 RGB 颜色，背景内容为白色的文件。

（2）打开【路径】面板，按 按钮新建工作路径，然后利用【钢笔工具】 和【转换点工具】 ，在画面中绘制并调整闭合路径。新建"图层 1"，按 Ctrl + Enter 键将路径转换为选区，并将其填充为绿色（#20f210），效果如图 8.5.1 所示，按 Ctrl + D 键取消选区。

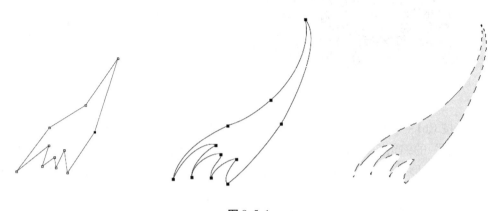

图 8.5.1

（3）新建"路径 2"，利用【钢笔工具】 在画面中绘制路径，然后利用【路径选择工具】 和【转换点工具】 调整闭合路径。新建"图层 2"，按 Ctrl + Enter 键将其转换为选区，并为其填充红色（#fb0606）和黄色（#fcf406），效果如图 8.5.2 所示，按 Ctrl + D 键取消选区。

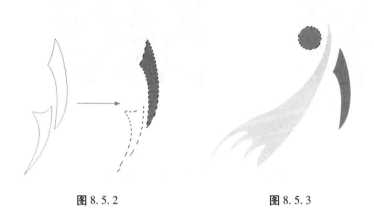

图 8.5.2   图 8.5.3

（4）单击【椭圆选框工具】 ，在画面中依次绘制圆形选区，并分别填充为红色和黄色，填充颜色后的图形效果如图 8.5.3 所示。

（5）新建"路径 3"，选择【椭圆工具】 并单击【钢笔工具】 ，绘制 2 个椭圆，如图 8.5.4 所示，单击选框栏的 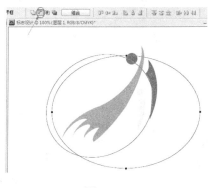 减去顶层形状 按钮，再按 合并形状 按钮得到如图 8.5.5 所示的效果。

图 8.5.4　　　　　　　　　　　　　　　图 8.5.5

（6）新建"图层 3"，按 Ctrl + Enter 键将其转换为选区，并为其填充红色。选择菜单栏中的【选择/变换选区】命令，为绘制的形状进行自由变形，并将其调整至如图 8.5.6 所示的效果。

图 8.5.6　　　　　　　　　　　　　　　图 8.5.7

（7）按 Ctrl + D 键取消选区，然后将"图层 1""图层 2"和"图层 3"合并。按 Ctrl + S 键将此文件命名为"艺术标志 . psd"并保存。

（8）用同样的方法绘制如图 8.5.7 所示的青蛙卡通形状。

 巩固任务

卡通蜜蜂的绘制。

 任务分析

运用【钢笔工具】、【转换点工具】及路径与选区的转换、路径的填充等制作复杂卡通蜜蜂。

任务实现

（1）新建大小为 10 厘米×10 厘米，分辨率为 150 像素/英寸，颜色模式为 RGB 颜色，背景内容为白色的文件。

（2）新建"图层 1"，利用【钢笔工具】和【转换点工具】绘制并调整出如图 8.5.8 所示的闭合路径。

图 8.5.8   图 8.5.9   图 8.5.10

（3）按 Ctrl+Enter 键将路径转换为选区，再填充黑色，然后按 Ctrl+D 键取消选区。用与步骤（2）相同的操作方法，在画面中绘制并调整出如图 8.5.9 所示的闭合路径，然后再将其转换为选区。

（4）新建"图层 2"，将其放置在"图层 1"的下方，然后为选区填充红色（# c84650），并取消选区。

（5）再次利用【钢笔工具】和【转换点工具】绘制出脸部、耳朵、嘴、身体等部位形状的路径，如图 8.5.10 所示，然后将其转换为选区，再填充黑色。

（6）新建图层，选择【画笔工具】，将前景色设置为黑色，利用【画笔工具】绘制出眼睛图形，最后取消选区。

（7）将前景色重新设置为粉红色（#f5a038），然后单击【画笔工具】，设置一个大小合适的笔头，在蜜蜂的脸部位置喷绘颜色，效果如图 8.5.11 所示。

图 8.5.11   图 8.5.12

（8）用与上述步骤相同的绘制方法，在蜜蜂的身体部位绘制黄色的衣服和绿色的脚的图形，效果如图 8.5.12 所示。在绘制过程中，要注意图层的堆叠顺序调整，即衣服图形要位于轮廓图形的下方。

（9）按 Ctrl + S 键，将此文件命名为"卡通蜜蜂 . psd"并保存。

 知识导读

（一）路径调板

Photoshop 中的【路径】调板可以对创建的路径进行更加细致的编辑，在【路径】调板中主要包括路径、工作路径和形状矢量蒙版。在调板中可以将路径转换成选区、将选区转换成工作路径、填充路径和对路径进行描边等。在菜单栏中执行【窗口/路径】命令，即可以打开【路径】调板。通常情况下，【路径】调板与【图层】调板被放置在同一调板组中，如图 8.5.13 所示。

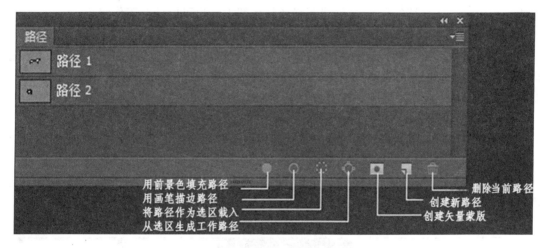

图 8.5.13

其中的各项含义如下：

路径：用于存放当前文件中创建的路径。在储存文件时路径会被储存到该文件中。

工作路径：一种用来定义轮廓的临时路径。

创建矢量蒙版：单击此按钮创建矢量蒙版。

用前景色填充路径：单击此按钮可以对当前创建的路径区域以前景色填充。

用画笔描边路径：单击此按钮可以对创建的路径进行描边。

将路径作为选区载入：单击该按钮可以将当前路径转换成选区。

从选区生成工作路径：单击该按钮可以将当前选区转换成工作路径。

创建新路径：单击该按钮可以新建路径。

删除当前路径：选定路径后，单击此按钮可以将选择的路径删除。

1. 新建路径

（1）使用【钢笔路径】或【形状工具】，在页面中绘制路径后，在【路径】调板中会自动创建一个"工作路径"层。

（2）在【路径】调板中单击【创建新路径】按钮，此时在【路径】调板中会出现一个空白路径。再绘制路径时，就会将其存放在次路径层中。

（3）在【路径】调板的弹出菜单中执行【新建路径】命令，会弹出【新建路径】对话框。在对话框中设置路径名称后，再单击【确定】按钮，即可新建一个自己设置名称的路径。

2. 储存路径

创建工作路径后，如果不及时储存，新绘制的第二个路径会覆盖前一个路径。具体的方法有以下几种：

（1）绘制路径时，系统会自动出现一个"工作路径"层作为临时存放点，在"工作路径"层上双击，即可弹出【存储路径】对话框，设置名称后，单击【确定】按钮，即可完成储存。

（2）创建工作路径后，执行弹出菜单中的【存储路径】命令，也会弹出【存储路径】对话框，设置名称后，单击【确定】按钮，即可完成储存。

（3）拖动"工作路径"到【创建新路径】按钮上，也可以储存工作路径。

3. 移动、复制、删除与隐藏路径

使用【路径选择工具】选择路径后，即可将其拖动并更改位置；拖动路径到【创建新路径】按钮上时，就可以得到一个该路径的副本；拖动路径到【删除当前路径】按钮上时，就可以将当前路径删除；在【路径】调板空白处单击，可以将路径隐藏。

4. 路径转换成选区

在处理图像时，用到路径的时候不是很多，但是要对图像创建路径并转换成选区，就可以应用 Photoshop 中对选区起作用的所有命令。

将路径转换成选区可以直接单击【路径】调板中的【将路径作为选区载入】按钮，即可将创建的选区变成可编辑的选区，如图 8.5.14 所示。

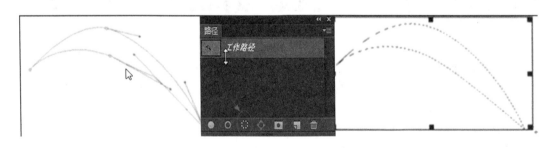

图 8.5.14

5. 选区转换成路径

在处理图像时，有时创建出局部选区比使用【钢笔工具】方便，将选区转换成路径，可以继续对路径进行更加细致的调整，以便能够制作出更加细致的图像。

将选区转换成路径，可以直接单击【路径】调板中的【从选区生成工作路径】按钮，如图 8.5.15 所示。

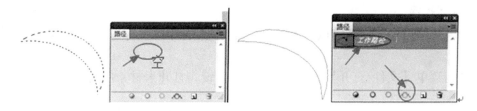

图 8.5.15

6. 描边路径

在图像中创建路径后，可以应用【描边路径】命令对路径边缘进行描边。要描边路径可直接单击【路径】调板中的【用画笔描边路径】按钮对路径进行描边，如图 8.5.16 所示。前提是选择【画笔工具】或【铅笔工具】。

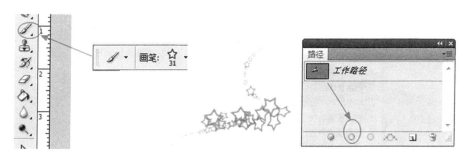

图 8.5.16

7. 填充路径

通过【路径】调板，可以为路径填充前景色、背景色或者图案。直接在【路径】调板中选择"路径"层或"工作路径"层，填充的路径会是所有路径的组合部分，单独选择一个路径可以为子路径进行填充。

要填充路径可以直接单击【路径】调板中的【用前景色填充路径】按钮，路径填充为前景色，如图 8.5.17 所示。

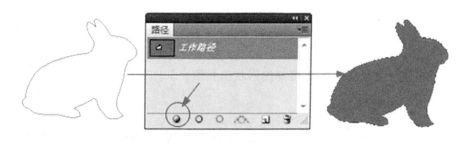

图 8.5.17

8. 剪贴路径

使用【剪贴路径】命令可以分离图像，在其他软件中可以得到透明背景的图像。方法如下：

①执行菜单【文件/打开】命令或按 Ctrl + O 键，打开素材，使用【钢笔工具】创建路径。

②拖动"工作路径"层到【创建新路径】按钮上，得到"路径 1"。

③在弹出菜单中执行【剪贴路径】命令，打开【剪贴路径】对话框。

④设置完毕后，单击【确定】按钮，再在菜单栏执行【文件/储存为】命令，选择储存位置，设置格式为 Photoshop EPS。

⑤单击【保存】按钮，系统会弹出【EPS 选项】对话框，参数设置如图 8.5.18 所示。

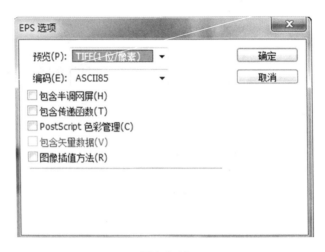

图 8.5.18

⑥设置完毕单击【确定】按钮，在其他软件中导入该图像，会发现此为无背景图像，例如在 Illustrator 中。

（二）绘制几何形状

在 Photoshop CS6 中可以通过相应的工具直接在页面中绘制矩形、椭圆形、多边形等几何图形，包括【矩形工具】、【圆角矩形工具】、【椭圆工具】、【多边形工具】、【直线工具】和【自定形状工具】。绘制几何图形的工具被集中在形状工具组中，右击【矩形工具】即可弹出形状工具组，如图8.5.19 所示。

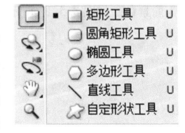

图 8.5.19

1. 矩形工具

使用【矩形工具】可以绘制矩形和正方形，通过设置的属性可以创建形状图层、路径和以像素进行填充的矩形图形。

【矩形工具】的使用方法非常简单，选择该工具后，在页面中选择起点按住鼠标向对角处拖动，松开鼠标后即可创建矩形。选择【矩形工具】后，单击【形状图层】按钮，选项栏中会显示针对该工具的一些属性设置，如图 8.5.20 所示。

图 8.5.20

其中的各项含义如下：

不受约束：绘制矩形时不受宽、高限制，可以随意绘制。

方形：绘制矩形时会自动绘制出正方形。

固定大小：选择该单选框后，可以通过后面的【宽】、【高】文本框中输入的数值来控制绘制矩形的大小。

比例：选择该单选框后，可以通过后面的【宽】、【高】文本框中输入预定的矩形长宽比例来控制绘制矩形的大小。

从中心：勾选此复选框后，在以后绘制矩形时，将会以鼠标点击处为中心进行绘制。

对齐像素：绘制矩形时所绘制的矩形会自动同像素边缘重合，使图形的边缘不会出现锯齿。

样式：在下拉列表中可以选择绘制形状图层时添加的图层样式效果。

颜色：用来设置绘制形状图层的颜色。

选择【矩形工具】后，单击【路径】按钮，选项栏中会显示针对该工具的一些属性设置，如图 8.5.21 所示。

图 8.5.21

选择【矩形工具】后，单击【像素】按钮，选项栏中会显示针对该工具的一些属性设置，如图 8.5.22 所示。

图 8.5.22

2. 圆角矩形工具

使用【圆角矩形工具】可以绘制具有平滑边缘的矩形，通过设置选项栏中的【半径】值来调整圆角的圆弧度。

【圆角矩形工具】的使用方法与【矩形工具】相同。选择【圆角矩形工具】后，选项栏中会显示针对该工具的一些属性设置，如图8.5.23所示。

图8.5.23

其中的"半径"含义如下：

半径：用来控制圆角矩形的4个角的圆滑度。输入的数值越大，4个角就越平滑，输入的数值为0时，绘制出的圆角矩形就是矩形。

3．椭圆工具

使用【椭圆工具】可以绘制椭圆形和正圆形。通过设置的属性可以创建形状图层、路径和以像素进行填充的矩形图形。

【椭圆工具】的使用方法和选项栏都与【矩形工具】相同，在页面中单击鼠标并拖动便可绘制出椭圆形，在此不再赘述。

4．多边形工具

使用【多边形工具】可以绘制正多边形或星形，通过设置的属性可以创建形状图层、路径和以像素进行填充的矩形图形。

【多边形工具】的使用方法与【矩形工具】相同，绘制时的起点为多边形中心，终点为多边形的一个顶点。选择【多边形工具】后，选项栏中会显示针对该工具的一些属性设置，如图8.5.24所示。

图8.5.24

其中的各项含义如下：

边：用来控制创建的多边形或星形的边数。

半径：用来设置多边形或星形的半径。

平滑拐角：使多边形具有圆滑的顶角，边数越多，越接近圆形。

星形：勾选此项后，绘制多边形时会以星形进行绘制。

缩进边依据：用来控制绘制星形的缩进程度，输入的数值越大，缩进的效果越明显。取值范围为1%~77%。

平滑缩进：选择平滑缩进可以使星形的边平滑地向中心缩进。

5．直线工具

使用【直线工具】可以绘制预设粗细的直线或带箭头的指示线。【直线工具】的使用方法非常简单，使用该工具在图像中选择起点后，按住鼠标向任何方向拖动，松开鼠标后即可完成直线的绘制。

选择【直线工具】后，选项栏中会显示针对该工具的一些属性设置，如图 8.5.25 所示。

图 8.5.25

其中的各项含义如下：

粗细：控制直线的宽度。数值越大，直线越粗，取值范围为 1 ~ 1 000。

起点与终点：用来设置在绘制直线时，在起始点或终点出现的箭头。

宽度：用来控制箭头的宽度。数值越大，箭头越宽，取值范围是 10% ~ 1 000%。

长度：用来控制箭头的长度。数值越大，箭头越长，取值范围是 10% ~ 5 000%。

凹度：用来控制箭头的凹陷程度。数值为正数时，箭头尾部向内凹；数值为负数时，箭头尾部向外凸出；数字为零时，箭头尾部平齐，取值范围是 -50% ~ 50%。

6. 自定形状工具

使用【自定形状工具】可以绘制出【形状拾色器】中选择的预设图案。选择【自定形状工具】后，选项栏中会显示针对该工具的一些属性设置，如图 8.5.26 所示。

图 8.5.26

其中的"形状拾色器"含义如下：

形状拾色器：其中包含系统自定预设所有图案。选择相应的图案，使用【自定形状工具】便可以在页面中进行绘制，如图 8.5.27 所示。

图 8.5.27

巩固任务

贺卡制作。

任务分析

运用【渐变工具】、【形状工具】、【路径工具】、【画笔工具】、【多边形套索工具】及编辑/变换、描边等工具制作出精美的贺卡。

任务实现

（1）新建宽度为14厘米，高度为11厘米，分辨率为120像素/英寸的文件，如图8.5.28所示。

（2）单击【渐变工具】在选项栏中的按钮，弹出【渐变编辑器】对话框，设置渐变颜色，如图8.5.29所示，然后按住Shift键，从上往下进行拖曳，填充渐变色，如图8.5.30所示。

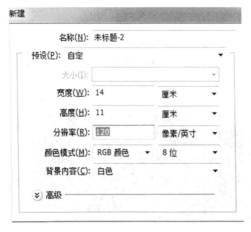

图 8.5.28

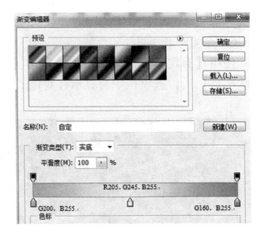

图 8.5.29

图 8.5.30

图 8.5.31

图 8.5.32

（3）新建"图层1"，并将工具箱中的前景色设置为白色（#ffffff），选择【画笔工具】

✔选项栏中的【喷枪】，改变透明度，在画面的中间位置喷绘出虚化的白色光芒效果，效果如图 8.5.31 所示。

（4）新建"图层 2"，单击【矩形工具】 ▣ ，在画面中画出如图 8.5.32 所示的黑色矩形；执行【滤镜/杂色/添加杂色】命令，弹出【添加杂色】对话框，参数设置如图 8.5.33 所示，效果如图 8.5.34 所示。

图 8.5.33

图 8.5.34

（5）按 Ctrl + T 键为"图层 2"添加自由变形选框，并将其调整到图 8.5.35 所示的大小，按 Enter 键确认图形的变形。

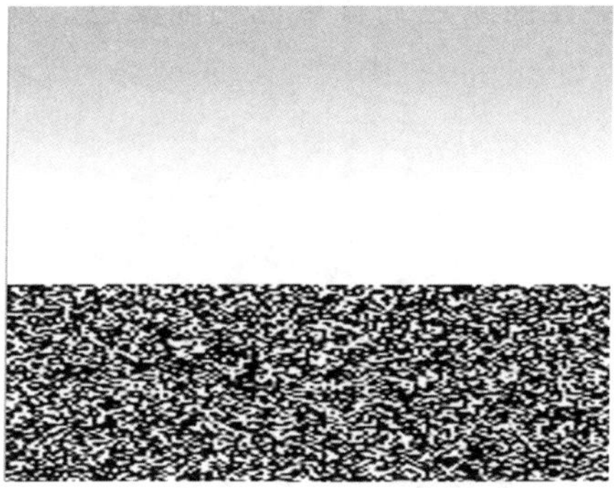

图 8.5.35

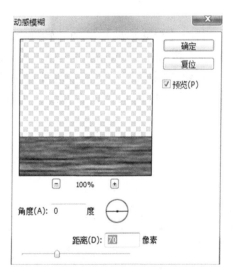

图 8.5.36

（6）执行【滤镜/模糊/动感模糊】命令，弹出【动感模糊】对话框，参数设置如图8.5.36所示，效果如图8.5.37所示。

（7）执行【图像/调整/亮度/对比度】命令，弹出【亮度/对比度】对话框，参数设置如图8.5.38所示，然后将"图层3"的混合模式设置为【滤色】，如图8.5.39、图8.5.40所示。

图 8.5.37

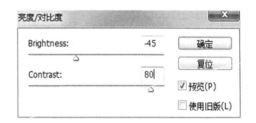

图 8.5.38

图 8.5.39

图 8.5.40

（8）利用【钢笔工具】 和【转换点工具】 ，在画面中绘制并调整出如图8.5.41所示的路径，按 Ctrl + Enter 键将路径转换为选区。

（9）新建"图层2"，将前景色设置为浅蓝色（#d7f0fa），背景色设置为白色；单击【渐变工具】在选区内从左向右拖曳，为选区填充前景色到背景色的渐变色，效果如图8.5.42所示。

图 8.5.41

图 8.5.42

（10）将前景色设置为灰色（#aaaaaa），然后执行【编辑/描边】命令，参数设置如图 8.5.43 所示

图 8.5.43

图 8.5.44

（11）按 Ctrl + D 键取消选区。利用【钢笔工具】和【转换点工具】，在船体的上方再绘制出如图 8.5.44 所示的路径，按 Ctrl + Enter 键将路径转换为选区。

（12）新建"图层 3"，然后为选区从右向左填充由蓝灰色（#aac8c8）到白色的线性渐变，并用与步骤（10）相同的方法为图形描边，效果如图 8.5.45 所示。

图 8.5.45

图 8.5.46

（13）新建"图层 4"，然后用与步骤（8）到（10）相同的方法，在画面中绘出如图 8.5.46 所示的白色风帆图形。

（14）按住 Shift 键选中有关小船的所有图层，按 Ctrl + E 键合并为"小船"图层，如图 8.5.47 所示。

（15）将"小船"图层复制生成"小船副本"图层，然后执行【编辑/变换/垂直翻转】命令，并利用【移动工具】将翻转后的图形移动到图 8.5.48 所示的位置。

图 8.5.47

图 8.5.48

图 8.5.49

图 8.5.50

（16）将"小船"图层的不透明度设置为20%；按 Ctrl + E 键将"小船副本"图层向下合并为"小船"图层；然后再将"小船"图层复制生成"小船副本"图层，并将其移至图8.5.49所示的位置。

（17）按 Ctrl + T 键调整"小船副本"图层的大小，如图8.5.50所示。

（18）单击【渐变工具】，激活选项栏中的【径向渐变】，然后单击 按钮，在弹出的【渐变编辑器】中选择【透明彩虹】渐变映射，如图8.5.51所示；将其色标调整到如图8.5.52所示的位置。

（19）新建"彩虹"图层，在画面的中心位置按下左键并拖曳，填充渐变色，如图8.5.53所示。

图8.5.51

图8.5.52

图8.5.53

图8.5.54

（20）按 Ctrl + T 键为"彩虹"图层添加自由变形框，并将其调整到如图8.5.54所示的形态，按 Enter 键确认选区变换操作。

（21）单击【多边形套索工具】，绘制出如图8.5.55所示的选区，按 Shift + F6 键弹出【羽化选区】对话框，设置选项参数为70，然后连续4次按 Delete 键删除选区内的彩虹，按 Ctrl + D 键取消选区，效果如图 8.5.56 所示。

图 8.5.55　　　　　　图 8.5.56　　　　　　图 8.5.57　　　　　　图 8.5.58

（22）利用【钢笔工具】 🖋 绘制出如图 8.5.57 所示的路径，再用【转换点工具】 ⊾ 和【路径选择工具】 ▶ 调整路径，最后按 Ctrl + Enter 键将路径转换为选区，如图 8.5.58 所示；新建"海鸥"图层，将海鸥填充为白色，按 Ctrl + D 键取消选区，如图 8.5.59 所示。

（23）按 Ctrl + J 键复制"海鸥"图层，生成"海鸥副本"图层，然后将"海鸥"图层设置为当前层，激活左上角的【锁定透明像素】 ▨ 按钮，将"海鸥"图层的颜色填充为灰色（#aaaaaa），单击【移动工具】，将灰色海鸥稍微向右下角移动，按 Ctrl + E 键将"海鸥副本"图层跟"海鸥"图层合并，效果如图 8.5.60 所示。

（24）按 Ctrl + J 键复制"海鸥"图层，然后按 Ctrl + T 键，自由变换选区后按 Enter 键确认，如图 8.5.61 所示，为画面添加多只海鸥，如图 8.5.62 所示。

图 8.5.59　　　　　　图 8.5.60　　　　　　图 8.5.61　　　　　　图 8.5.62

（25）打开素材图片"花.jpg"，单击【移动工具】 ⊹ 将花拖到画面中，生成"花"图层，按 Ctrl + T 键调整花的大小，按 Enter 键确认，如图 8.5.63 所示。

（26）执行【图像/调整/亮度/对比度】命令，参数设置如图 8.5.64 所示。

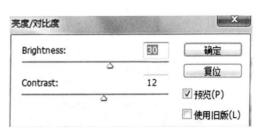

图 8.5.63　　　　　　　　　　　　　　图 8.5.64

（27）按 Ctrl + J 键复制"花"图层，生成"花副本"图层。将其不透明度设置为

40%，选择【移动工具】，将"花副本"图层向下移动，制作出如图 8.5.65 所示的投影效果。

（28）按 Ctrl + E 键向下合并成"花"图层，然后在画面中复制出多朵花，效果如图 8.5.66 所示。

图 8.5.65

图 8.5.66

（29）单击【横排文字工具】，在画面中输入祝福语，如图 8.5.67 所示，按Ctrl + J 键复制生成文字副本图层，栅格化文字图层，按住 Ctrl 键，单击图层缩览图，然后按 Alt + Delete 键填充白色，利用【移动工具】向左上角移动，制作出如图 8.5.68 所示的阴影效果。

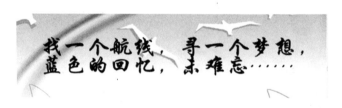
图 8.5.67

图 8.5.68

项目九　图像文字处理

项目描述

本项目引领读者掌握 Photoshop CS6 的文字工具类型、变形文字和路径文字的具体运用以及明白文字在广告作品中的重要作用；指导读者运用【文字工具】进行立体字、连体艺术字、牌标及班委会公章的制作。

任务目标

◆ 能熟练运用【文字工具】进行文字的创建、编辑和排版
◆ 能熟练运用【文字工具】制作路径文字
◆ 能灵活运用【文字工具】制作变形文字和特殊字

任务 1　在路径外侧添加文字

任务分析

掌握在路径外侧添加文字的方法。

任务实现

（1）新建一个文件，选择【钢笔工具】，在页面中绘制如图 9.1.1 所示的路径。

（2）选择【横排文字工具】，将光标拖至路径上，如图 9.1.2 所示，当光标变成如图 9.1.3 所示的形状时，便可以键入所需的文字了。

图 9.1.1　　　　　　　　　　　　　图 9.1.2

（3）此时键入文字"Photoshop CS6"，效果如图9.1.4所示。

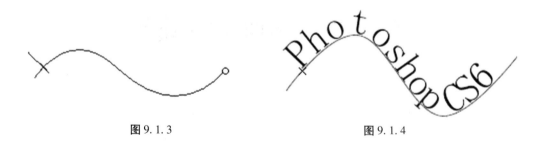

图9.1.3   图9.1.4

任务2　在封闭路径内添加文字

 任务分析

掌握在封闭路径内添加文字的方法。

 任务实现

（1）新建一个文件，选择【自定形状工具】，在页面中绘制出蝴蝶形状路径。

（2）选择【横排文字工具】，将光标拖至蝴蝶形状路径内部，此时光标会变成如图9.2.1所示的形状。

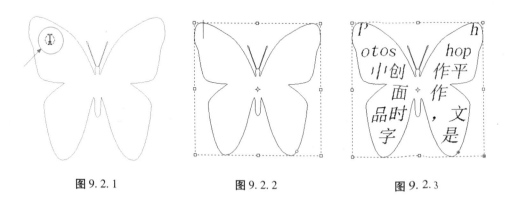

图9.2.1   图9.2.2   图9.2.3

（3）单击鼠标，当光标变成如图9.2.2所示的状态时，便可以键入所需的文字了。

（4）此时键入所需的文字，效果如图9.2.3所示。

任务3　创建段落文字

 任务分析

掌握创建段落文字的方法。

 任务实现

（1）新建一个文件，选择【横排文字工具】，在页面中相应的位置按下鼠标向右下角拖动，松开鼠标后会出现文本定界框，如图9.3.1所示。

图9.3.1　　　　　　　　　　　　　　　　　　　图9.3.2

（2）此时输入文字，文字就会只出现在文本定界框内；另一种方法是，按住Alt键在页面中拖动或者单击鼠标，此时会出现【段落文字大小】对话框，设置【高度】与【宽度】后，单击【确定】按钮，如图9.3.2所示。

（3）输入所需的文字，如图9.3.3所示。

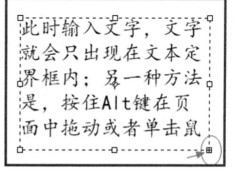

图9.3.3　　　　　　　　　　　　　　　　　　　图9.3.4

（4）如果输入的文字超出了文本定界框的容纳范围，就会在右下角出现超出范围的图标，如图9.3.4所示。

任务4　变换段落文字

 任务分析

掌握段落文字的调整与变换方法。

 任务实现

（1）创建段落文字后，直接拖动文本定界框的控制点来缩放定界框，会发现此时变换的只是文本定界框，其中的文字没有跟随变换，如图9.4.1所示。

图9.4.1　　　　　　　　　　　　　　　　图9.4.2

（2）拖动文本定界框的控制点时，按住Ctrl键来缩放定界框，会发现此时变换的不只是文本定界框，其中的文字也会跟随文本定界框一同变换，如图9.4.2所示。

（3）当鼠标指针移到四个角的控制点时，会变成旋转的符号，拖动鼠标可以将其旋转，如图9.4.3所示。

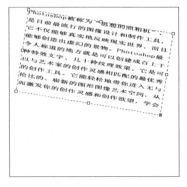

图9.4.3　　　　　　　　　　　　　　　　图9.4.4

（4）按住 Ctrl 键将鼠标指针移到四条边中间的控制点时，会变成斜切的符号，拖动鼠标可以将其斜切，如图 9.4.4 所示。

 知识导读

（一）用来创建文字的工具

在 Photoshop 中创作平面作品时，文字是不可或缺的一部分。它不仅可以帮助大家快速了解作品所要呈现的主题，还可以在整个作品中充当重要的修饰元素。在当今的平面作品中，随处可见文字的存在，比如广告宣传、海报宣传、网页设计等，所以说文字是平面设计中必不可少的元素。在 Photoshop 中能创建文字的工具包括【横排文字工具】和【直排文字工具】以及可以直接创建文字选区的【横排文字蒙版工具】和【直排文字蒙版工具】。

Photoshop CS6 新增了【文字】菜单，用于对创建的文字进行调整和编辑，包括文字面板的选项、消除锯齿、文字变形、字体预览大小等。

（二）直接键入文字

1. 横排文字工具

【横排文字工具】是最基本的文字输入工具，也是使用最多的一种文字工具。使用【横排文字工具】可以在水平方向上创建文字。键入文字的方法是选择【横排文字工具】后，拖动光标到图像需要键入文字的地方单击鼠标，当光标变为 ↓ 形状时键入所需的文字即可。

选择【横排文字工具】后，选项栏中会显示针对该工具的一些属性设置，如图 9.4.5 所示。

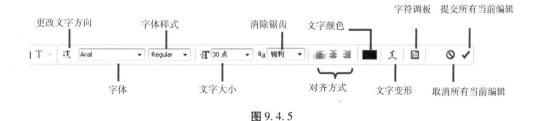

图 9.4.5

其中的各项含义如下：

更改文字方向：单击此按钮即可将输入的文字在水平与垂直之间转换。

字体：在下拉列表中可以选择输入文字的字体。

字体样式：选择不同字体时，会在【字体样式】下拉列表中出现该文字字体对应的不同字体样式。

文字大小：用来设置输入文字的大小。可以在下拉列表中选择，也可以直接在文本框中输入数值。

消除锯齿：可以通过部分的填充边缘像素来产生边缘平滑的文字。下拉列表中包含 5 个选项，只会针对当前键入的整个文字起作用，不能对单个字符起作用。

对齐方式：用来设置键入文字的对齐方式，包括文本左对齐、文本居中对齐和文本右对齐三项。

文字颜色：用来控制输入文字的颜色。

文字变形：输入文字后单击该按钮可以在弹出的【文字变形】对话框中对输入的文字进行变形。

显示或隐藏【字符】和【段落】调板：单击该按钮即可将【字符】和【段落】调板组进行显示，如图9.4.6所示。

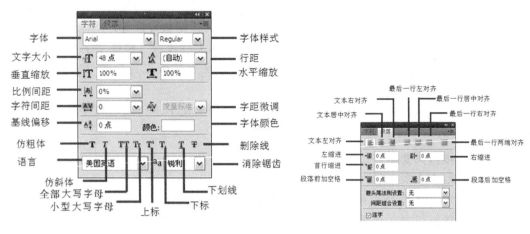

图9.4.6

取消所有当前编辑：单击此按钮，可以将正处于编辑状态的文字复原。

提交所有当前编辑：单击此按钮，可以让正处于编辑状态的文字应用使用的编辑效果。

2. 直排文字工具

使用【直排文字工具】可以在垂直方向上创建文字。拖动光标到图像中需要键入文字的地方单击鼠标，当光标变为 ↓ 形状时键入所需的文字即可。

（三）创建文字选区

1. 横排文字蒙版工具

【横排文字蒙版工具】可以在水平方向上创建文字选区。该工具的使用方法与【横排文字工具】相同，创建完成后单击【提交所有当前编辑】按钮或在工具箱中选择其他工具，选区便创建完成。

2. 直排文字蒙版工具

【直排文字蒙版工具】可以在垂直方向上创建文字选区。该工具的使用方法与【直排文字工具】相同，创建完成后单击【提交所有当前编辑】按钮或在工具箱中选择其他工具，选区便创建完成。

（四）变形文字

在 Photoshop 中通过【创建文字变形】命令可以对输入的文字进行更加艺术化的变形，【创建文字变形】命令可以通过在键入文字后直接单击【创建文字变形】按钮来执行，或者执行菜单中的【图层/文字/创建文字变形】命令来打开【创建文字变形】对话框，如图9.4.7所示。

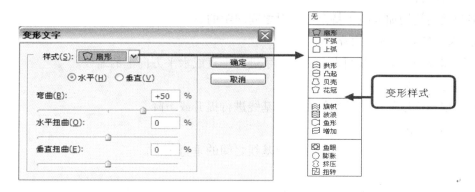

图9.4.7

其中的各项含义如下：

样式：用来设置文字变形的效果，在下拉列表中可以选择相应的样式。

水平、垂直：用来设置变形的方向。

弯曲：设置变形样式的弯曲程度。

水平扭曲：设置在水平方向上扭曲的程度。

垂直扭曲：设置在垂直方向上扭曲的程度。

键入文字后，分别对键入的文字应用【鱼形】与【旗贴】，并勾选【水平】单选框，参数设置与效果如图9.4.8所示。

图9.4.8

（五）编辑文字

在 Photoshop 中编辑文字指的是对已经创建的文字通过选项栏、【字符】调板或【段落】调板进行重新设置，例如设置文字行距、文字缩放、基线偏移等。

1. 比例间距

比例间距指按指定的百分比值减少字符周围的空间。数值越大，字符间压缩得越紧密。取值范围是 0 ~ 100% 。

2. 字符间距

字符间距指的是放宽或收紧字符之间的距离。

3. 字距微调

字距微调是增加或减少特定字符对之间间距的过程。

4. 水平缩放与垂直缩放

水平缩放与垂直缩放用来对键入文字进行垂直或水平方向上的缩放。

5. 基线偏移

基线偏移可以使选中的字符相对于基线进行提升或下降。

6. 文字行距

文字行距指的是文字基线与下一行基线之间的垂直距离。

7. 字符样式

字符样式指的是键入字符的显示状态，单击不同按钮会完成所选字符的样式效果，包括仿粗体、斜体、全部大写字母、小型大写字母、上标、下标、下划线和删除线。

（六）创建路径文字

在 Photoshop 中，自 CS 版本以后，可以在创建的路径上键入文字。

（七）创建段落文字

在 Photoshop 中，使用【文字工具】不但可以创建点文字，还可以创建大段的段落文本，在创建段落文本时，文字基于文本定界框的尺寸自动换行。

（八）变换段落文字

在 Photoshop 中，创建段落文本后可以通过拖动文本定界框来改变文本在页面中的样式。

任务 5　Photoshop CS6 立体字制作

 任务分析

运用【文字工具】、【自由变换工具】和图层样式（斜面和浮雕）制作 Photoshop CS6立体字。

 任务实现

（1）新建宽度为 600 像素，高度为 400 像素，分辨率为 150 像素/英寸，背景内容为白色的文件。点击【文字工具】 T，输入文字"Photoshop CS6"，字体为微软雅黑。点击【文字面板工具】 ，打开面板，选择第一个字母"P"和最后的数字"6"，适当加大字号并加粗，如图 9.5.1 所示。

图 9.5.1

（2）执行【图层/栅格化/文字】命令，将矢量文字变成像素图像。按 Ctrl + T 键改变文字大小比例，再执行【编辑/变换/透视】命令，调出透视效果，如图 9.5.2 所示。

图 9.5.2

（3）按 Ctrl + J 键复制"Photoshop CS6"图层得到"Photoshop CS6 副本"图层，双击该图层，添加图层样式，添加"斜面和浮雕"（内斜面，斜面的宽度设为 2 ~ 3 像素）效果；添加"颜色叠加"（颜色为#7f1414）效果，参数设置如图 9.5.3 所示。

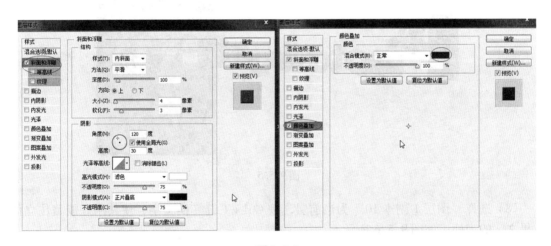

图 9.5.3

（4）新建"图层 1"，把"图层 1"拖到"Photoshop CS6 副本"图层下面，将"Photoshop CS6 副本"图层合并到"图层 1"上，得到新的"图层 1"。

（5）按 Ctrl + Alt + T 键执行复制变形，接着在选项栏中输入纵横拉伸的百分比为 102%、101%，然后用小键盘上的右箭头将其移动 1 到 2 个像素，按 Enter 键确定变形。

（6）按住 Ctrl + Alt + Shift 键不要松开，同时连续点击 T 键，快速地复制并逐像素地移动图案，按 T 键 10 次完成立体效果制作，如图 9.5.4 所示。

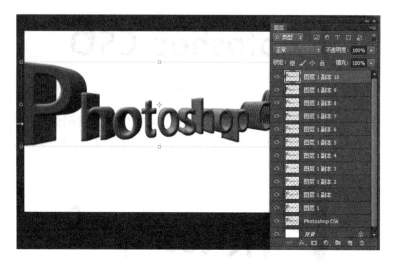

图 9.5.4

（7）把"背景"图层跟"Photoshop CS6"图层前的眼睛图标先隐藏，合并所有可见图层，生成"图层1副本10"，如图9.5.5所示，并拖到"Photoshop CS6"图层下面。

图 9.5.5

（8）选择"图层1副本10"为当前层，按 Ctrl + T 键变换文字，使其刚好能盖住立体效果文字的表面，如图9.5.6所示。

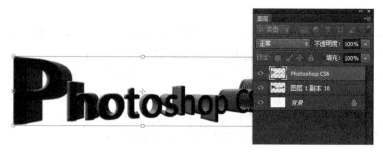

图 9.5.6

（9）设置"图层1副本11"为当前层，双击图层缩览图打开【图层样式】对话框，设置"投影"效果，参数设置如图9.5.7所示。

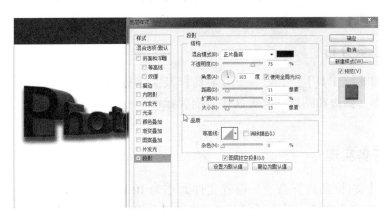

图9.5.7

（10）设置"Photoshop CS6"图层为当前层，双击图层缩览图打开【图层样式】对话框，设置"图案叠加"效果，参数设置如图9.5.8所示，到此完成立体字制作，效果如图9.5.9所示。

图9.5.8

图9.5.9

任务 6   牌标制作

 任务分析

运用【横排文字工具】、【文字变形工具】及文字栅格化、选区与路径的相互转化、文字的路径变形、描边和图层样式等制作店面牌标。

 任务实现

（1）执行【文件/新建】命令，设置文件大小为 10 厘米×10 厘米，分辨率为 150 像素/英寸，背景内容为白色。单击【横排文字工具】，输入文字"龍門客栈"。单击文字选项栏的【文字变形工具】 ，设置变形文字，如图 9.6.1 所示。

图 9.6.1

（2）执行【文字/栅格化文字图层】命令，按 Delete 键删除图层的文字，只保留文字选区，打开【路径】面板，单击【从选区生成工作路径】 按钮，把选区转换为路径，如图 9.6.2 所示。

图 9.6.2

（3）选择【转换点工具】 和【直接选择工具】 调整路径的形状，如图 9.6.3 所示。单击【路径】面板上的【将路径作为选区载入】 按钮，把路径转换为选区，选择【渐变工具】，选择【线性渐变】，色谱渐变如图 9.6.4 所示。

图 9.6.3　　　　　　　　　　　　　　　图 9.6.4

（4）选择【钢笔工具】，绘制路径并用【转换点工具】和【直接选择工具】调整路径的形状，如图 9.6.5 所示。按 Ctrl + Enter 键将路径转为选区，新建"图层 2"，设置前景色为黄色（#ccc28d），用前景色填充选区；选择【编辑/描边】命令，描边颜色为黄色，描边半径为 3 像素，效果如图 9.6.6 所示。

图 9.6.5　　　　　　　　　　　　　　　图 9.6.6

（5）双击"图层 2"的缩览图，打开【图层样式】对话框，设置"斜面和浮雕"效果，参数与效果如图 9.6.7 所示。按 Ctrl + S 键保存文档，文件命名为"店牌 . psd"。

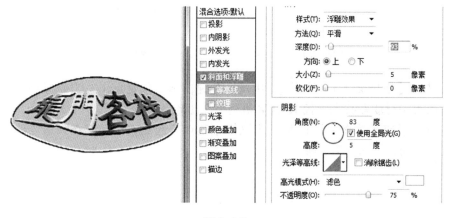

图 9.6.7

任务7　班委会公章制作

 任务分析

运用【文字工具】、【钢笔工具】、【自定形状工具】以及图层样式（斜面和浮雕）、描边等工具制作班委会。

 任务实现

（1）新建一个大小为12厘米×12厘米，分辨率为150像素/英寸，背景内容为白色的文档；选择【视图/标尺】命令，显示标尺，再按鼠标左键拖动标尺的边，拉出两条参考线，把参考线拉到中心位置。

（2）选中【椭圆选框工具】，选择选项栏上的 路径 选项，按住 Alt + Shift 键从参考线相交点画圆形路径，如图9.7.1所示。

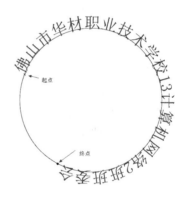

图9.7.1　　　　　　　　　　　图9.7.2

（3）选择【横排文字工具】 T，用鼠标左键在圆的位置点击，当光标在圆上时输入文字"佛山市华材职业技术学校13计算机网络2班班委会"，如图9.7.2所示。

（4）选择【路径选择工具】，用鼠标左键点击起点，拖动起点到适当的位置，注意不要改变方向，如图9.7.3所示。

图9.7.3　　　　　　　　　　　图9.7.4

（5）打开【路径】面板，点击【新建路径】 按钮，选中【椭圆选框工具】，选择选项栏上的 路径 选项，按住 Alt + Shift 键从参考线相交点位置绘出如图 9.7.4 所示的路径。

（6）按 Ctrl + Enter 键将路径转化为选区，新建"图层 1"，设置前景色为黄色（＃fae608），选择【油漆桶工具】，把圆填充为黄色，然后把"图层 1"移到文字图层的下方，如图 9.7.5 所示。

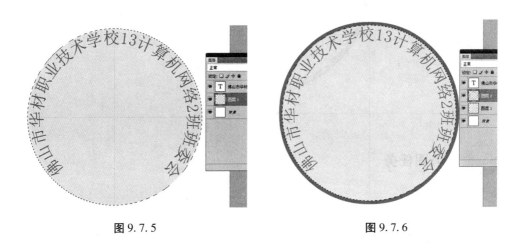

图 9.7.5　　　　　　　　　　　　　　图 9.7.6

（7）新建"图层 2"，设置前景色为红色（#fc0107），选择【编辑/描边】命令，打开【描边】对话框，设置描边半径为 10 像素，位置居外，单击【确定】按钮，效果如图 9.7.6 所示。

（8）双击"图层 2"的缩览图，打开【图层样式】对话框，为边框设置"斜面和浮雕"效果，参数设置与效果如图 9.7.7 所示。

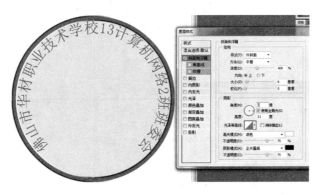

图 9.7.7

（9）选择【自定形状工具】，设置形状为五角星，在中心位置绘制一个红色的五角星，再选择【横排文字工具】 ，输入文字"班委会"，如图 9.7.8 所示；按 Ctrl + S 键保存文档，文件命名为"班委会公章.psd"。

图 9.7.8

 巩固任务

新春嘉年华制作。

 任务分析

运用【选框工具】、【文字工具】、【钢笔工具】及路径选取、图层样式等制作新春嘉年华连体艺术字。

 任务实现

（1）新建文件，执行【文件/新建】命令，参数设置如图9.7.9所示。
（2）将工具箱中的前景色设置为红色（#e1beaa），按 Alt + Delete 键填充前景色，如图9.7.10所示。

图 9.7.9

图 9.7.10

（3）新建"图层1"，将工具箱的前景色设置为白色（#ffffff），单击【矩形选框工具】▢，在画面中绘制一个矩形选区，按 Alt + Delete 键为选区填充前景色，如图9.7.11所示。

（4）在选区内按住鼠标左键并向右拖曳，将选区内的图形移动复制，按住 Alt 键，单击【移动工具】▶⊹进行移动复制，如图9.7.12所示。

图9.7.11　　　　　　　图9.7.12

（5）单击【矩形选框工具】▢，在画面中按下鼠标左键并拖曳，绘制出如图9.7.13所示的矩形选框；按住 Alt 键，单击【移动工具】▶⊹，在选区内按住鼠标左键并向右拖曳，将选区内的图形移动复制，如图9.7.14所示。

图9.7.13　　　图9.7.14　　　图9.7.15　　　图9.7.16

（6）单击【矩形选框工具】▢，在画面中按下鼠标左键并拖曳，绘制出如图9.7.15所示的矩形选框；按住 Alt 键，单击【移动工具】▶⊹，在选区内按住鼠标左键并向右拖曳，将选区内的图形移动复制，如图9.7.16所示，用相同的方法在画面中多次移动复制出如图9.7.17所示的白色条形。

图9.7.17　　　　　　　　　　图9.7.18

（7）将"图层1"的图层混合模式设置为【柔光】，效果如图9.7.18所示，将工具箱中的前景色设置为黑色，然后单击【横排文字工具】 T ，在画面中输入如图9.7.19所示的黑色文字。

图9.7.19

（8）按住Ctrl键，单击文字图层的图层缩览图 T ，调出选区，然后将文字图层删除，效果如图9.7.20所示。

图9.7.20

（9）回到【路径】面板，按住Alt键单击【从选区生成工作路径】 ◇ 按钮，如图9.7.21所示，弹出【建立工作路径】对话框，参数设置如图9.7.22所示，按Ctrl+D键取消选区。

图9.7.21

图9.7.22

（10）单击工具箱中的【转换点工具】 ⌐ ，在如图9.7.23所示的锚点处单击鼠标左键，按住Ctrl键，将选择的锚点移动到如图9.7.24所示的位置。

图9.7.23

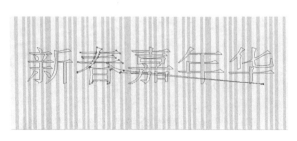

图9.7.24

（11）利用【转换点工具】、【路径选择工具】和【删除锚点工具】，将文字调节成如图 9.7.25 所示的形状。

图 9.7.25

（12）回到【路径】面板，单击【将路径作为选区载入】按钮，如图 9.7.26 所示；新建"图层 2"，将前景色设置为黑色，按 Alt + Delete 键为文字填充黑色，填充不到的地方，用【魔棒工具】重新选择，然后进行填充，效果如图 9.7.27 所示。

图 9.7.26　　　　　　　　　　　　图 9.7.27

（13）双击"图层 2"，弹出【图层样式】对话框，参数设置如图 9.7.28、图 9.7.29、图 9.7.30 和图 9.7.31 所示。

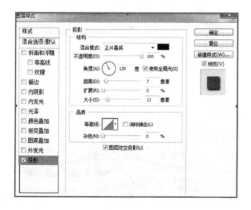

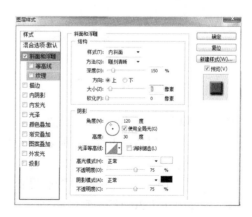

图 9.7.28　　　　　　　　　　　　图 9.7.29

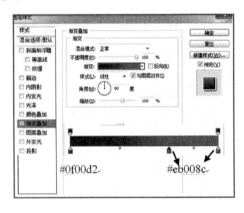

图9.7.30   图9.7.31

（14）利用工具箱中的【钢笔工具】和【转换点工具】绘制出如图9.7.32所示的钢笔路径，然后按Ctrl + Enter键，将路径转换为选区；新建"图层3"，将选区填充为红色（#ff0000），如图9.2.33所示，按Ctrl + D键取消选区。

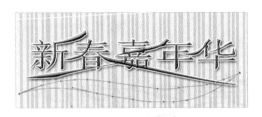

图9.7.32   图9.7.33

（15）按Ctrl + J键复制出"图层3副本"，然后激活【图层】面板上的【锁定透明像素按钮】，锁定"图层3"中的透明像素，然后填充白色，效果如图9.7.34所示。

图9.7.34   图9.7.35

（16）按Ctrl + T键为"图层3副本"添加变形框，并将其调整到如图9.7.35所示的形状，然后按Ctrl + E键将"图层3副本"向下合并成"图层3"。双击"图层3"，为其添加默认设置的【投影】样式，如图9.7.36所示。

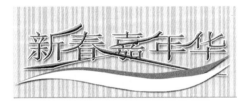

图9.7.36

项目十　滤镜特效制作

项目描述

本项目引领读者了解 Photoshop CS6 的滤镜概念和作用；了解常用滤镜的功能特点，指导读者运用滤镜制作出形式各样的滤镜特效作品（例如：万花筒、水滴、艺术照片边框、冰块等）。

任务目标

◆ 能够灵活选择不同类型的滤镜制作特效
◆ 能够熟练常用滤镜参数的设置和创作技法设置
◆ 能够运用滤镜独立创作具有一定水平的特效作品

任务 1　风雪效果

任务分析

用【点状化】、【动感模糊】滤镜打造自然下雨的效果。

任务实现

（1）选择菜单【文件/新建】命令，在弹出的【新建】对话框中设置图像的高度为12 厘米，宽度为 15 厘米，分辨率为 150 像素/英寸。接下来选择【渐变工具】▇，设置前景色为深蓝色（#2637da），背景色为浅蓝色（#a26ce4），用鼠标在"背景"图层上从上到下画一条直线，得到蓝色渐变背景，如图 10.1.1 所示。

图 10.1.1   图 10.1.2

（2）打开素材文件"老房子.jpg"，将该图像复制到新文件中，生成新的图层，将图层混合模式设为【正片叠底】。打开【图层】面板的下拉菜单，选择【向下合并】命令，然后用鼠标拖动当前图层到【创建新图层】□按钮，将其复制为"背景副本"图层，如图 10.1.2 所示。

（3）选择【滤镜/像素化/点状化】命令，在弹出的【点状化】对话框中，设置数值为 7，单击【确定】按钮，图像点状化后的效果如图 10.1.3 所示。

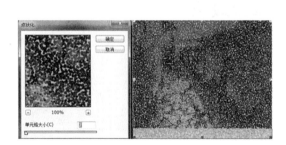

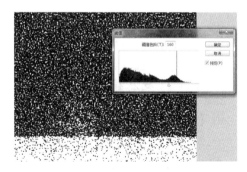

图 10.1.3   图 10.1.4

（4）选择【图像/调整/阈值】命令，在弹出的【阈值】对话框中，设置数值为 160，如图 10.1.4 所示，此时产生的效果如图 10.1.5 所示。

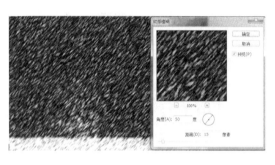

图 10.1.5   图 10.1.6

（5）在【图层】面板中选择图层混合模式为【柔光】，然后选择【滤镜/模糊/动感模糊】命令，在弹出的【动感模糊】对话框中设置角度为 50 度，距离为 15 像素，单击【确定】按钮，产生如图 10.1.6 所示的效果。

（6）最后将"背景副本"图层的图层混合模式设为【滤色】，选择【图层】面板下拉菜单中的【拼合图层】命令，拼合图层完成创作，如图 10.1.7。

图 10.1.7

任务 2　Photoshop CS6 壁纸设计

 任务分析

运用【渲染】滤镜、【模糊】滤镜、【扭曲】滤镜、【杂色】滤镜等制作 Photoshop CS6 壁纸。

 任务实现

（1）按 Ctrl + N 键新建一个图像文件，设置其宽度为 800 像素，高度为 600 像素，背景内容为白色，分辨率为72 像素/英寸。新建"图层1"，先绘制一个宽度为450 像素，高度为 600 像素的矩形选区。前景色和背景色为默认值。

（2）执行【滤镜/渲染/云彩】菜单命令，制作云彩效果，如果效果不满意，可以按Ctrl + F 键，重复滤镜命令，如图 10.2.1 所示。选择【通道】面板，将颜色对比最大的通道复制出副本，如图 10.2.2 所示。

图 10.2.1

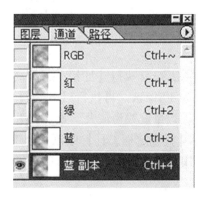

图 10.2.2

（3）选择【图层】面板，载入图层选区，新建"图层2"，设置前景色为50%的灰色并执行填充。

（4）执行【滤镜/渲染/光照效果】菜单命令，调出【光照效果】对话框，如图10.2.3所示。选择光照类型为【点光】，设置为红橙色灯光，调整光照方向和光圈大小，注意在纹理通道中选择蓝副本通道。

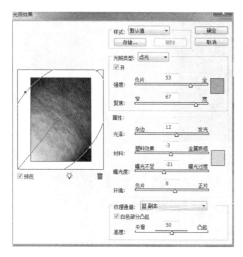

图10.2.3

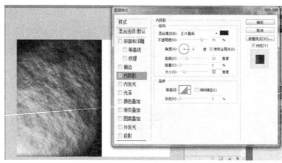

图10.2.4

（5）选择"图层2"，执行【图层/图层样式/内阴影】命令，让阴影出现在右侧，参数设置如图10.2.4所示。

（6）新建"图层3"，填充为浅蓝到深蓝的渐变色，选择【画笔工具】，选择圆形、直径较大的笔尖，随意绘制几笔，如图10.2.5所示。

图10.2.5

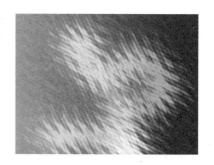

图10.2.6

（7）对"图层3"执行【滤镜/模糊/高斯模糊】菜单命令，弹出【高斯模糊】对话框，半径设置为40像素。再执行【滤镜/扭曲/波纹】菜单命令，弹出【波纹】对话框，执行大的波纹，数量设置为最大，效果如图10.2.6所示。

（8）选择【椭圆选框工具】绘制一个正圆，把"图层3"移到"图层2"上方并新建"图层4"，使用【径向渐变】制作球的效果，如图10.2.7所示。

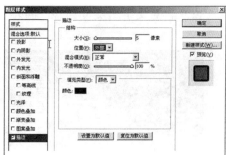

图 10.2.7   图 10.2.8

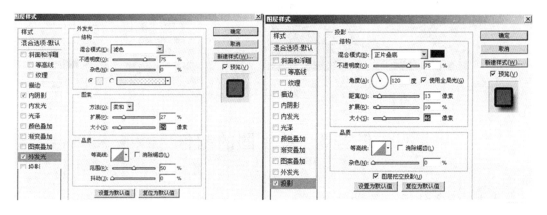

图 10.2.9

（9）给球形应用黑色描边、黄色外发光和灰色投影效果，参数设置如图 10.2.8、图 10.2.9 所示。

（10）打开地球仪素材文件，复制该文件生成"图层 5"，把图层混合模式改为【叠加】，如图 10.2.10 所示。

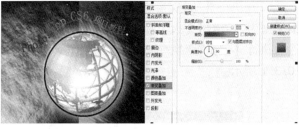

图 10.2.10   图 10.2.11

（11）使用【钢笔工具】绘制路径，输入路径文字"Photoshop CS6 项目教程"，对文字层设置蓝色的外发光和渐变叠加效果，渐变色选择蓝色到橙色的渐变色，如图 10.2.11 所示。

（12）再对文字图层设置蓝色的外发光和浮雕效果，如图 10.2.12 所示。

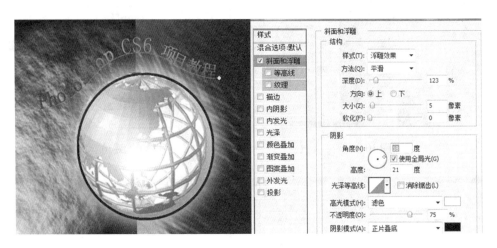

图 10.2.12

任务 3　救生圈的制作

 任务分析

运用滤镜/素描/半调图案、滤镜/扭曲/极坐标及图层样式制作救生圈。

 任务实现

（1）新建一个正方形画布，大小为 500 像素×500 像素，分辨率为 150 像素/英寸，再新建一个图层，填充为白色，设置前景色为红色（#ff0000），背景色为白色（#ffffff）。

（2）执行【滤镜/素描/半调图案】命令，打开【半调图案】对话框，在其中设置图案类型为【直线】，大小和对比度分别为 12、50，应用该滤镜后图像中布满红色横条纹，然后执行【编辑/变换/旋转 90 度】命令，对条纹图层进行旋转，使条纹竖起来，如图 10.3.1 所示。

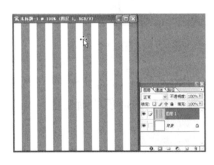

图 10.3.1

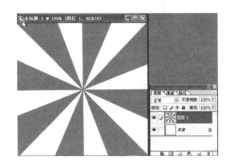

图 10.3.2

（3）执行【滤镜/扭曲/极坐标】命令，在【极坐标】对话框中选择【平面坐标到极坐标】单选项，此时红色条纹以图像中心点呈放射状分布，如图 10.3.2 所示。

（4）选择【椭圆选框工具】，按住 Shift + Alt 键，在图像中心点单击鼠标并向外拖动，绘制一个正圆选区（这个选区将决定救生圈的外径），然后执行【选择/反向】命令，按下 Delete 键将选区内的图像删除，如图 10.3.3 所示。

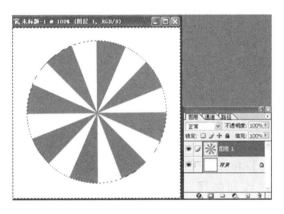

图 10.3.3

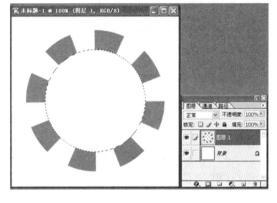

图 10.3.4

（5）再次将选区反选，执行【选择/变换选区】命令，按下 Shift + Alt 键拖动控制杆，使选区向图像中心缩小，然后按下 Delete 键将选区内的图像删除，此时救生圈基本成形，效果如图 10.3.4 所示。

（6）为"救生圈"图层添加"内阴影"图层样式，使救生圈产生立体效果，然后执行【图层/图层样式/创建图层】命令，使"救生圈"图层与"内阴影"图层样式分离，最后再为"救生圈"图层添加"投影"图层样式，如图 10.3.5 所示。

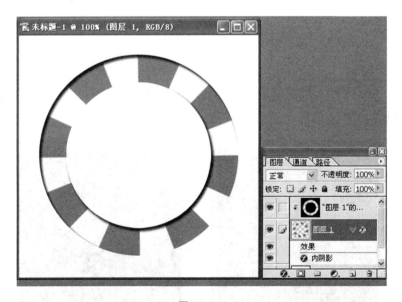

图 10.3.5

任务4 动物万花筒

 任务分析

运用【单行/单列像素工具】、【调整工具】、【裁剪工具】及【球面化】滤镜等工具制作由众多动物构成的万花筒。

 任务实现

（1）新建大小为800像素×800像素，分辨率为150像素/英寸，背景内容为白色的文件。

（2）按Ctrl+R键打开标尺，利用【箭头工具】拉出如图10.4.1所示的参考线，选取【单行/单列像素工具】制作几条距离相等的横线和竖线，如图10.4.2所示。然后按Ctrl+Shift+I键反选。

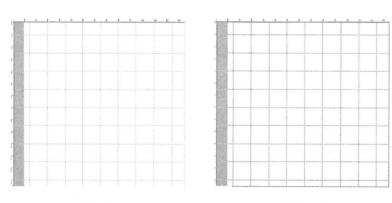

图10.4.1   图10.4.2

（3）新建"图层1"，设置前景色为黑色，按Alt+Delete键把"图层1"填充为黑色，效果如图10.4.3所示。

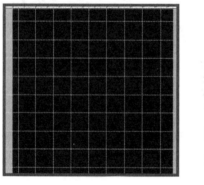 

图10.4.3   图10.4.4

（4）取消选择并清除参考线；选择【裁剪工具】把多余部分裁切掉，如图 10.4.4 所示。用【矩形选框工具】在"图层 1"中制作选区，并用方向键把选区的位置移动到适当的位置，如图 10.4.5 所示。

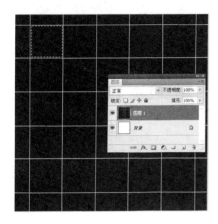

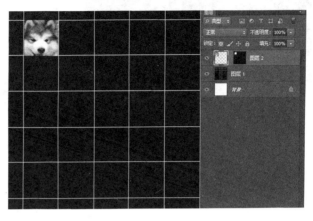

图 10.4.5　　　　　　　　　　　　　　图 10.4.6

（5）打开素材图片，执行【图像/图像大小】命令（调整图片的大小比例：宽度为 150 像素，高度为 150 像素；分辨率为 100 像素/英寸）；选中素材（按 Ctrl + A 键全选），按 Ctrl + C 键复制素材。

（6）把"图层 1"设为当前层，执行菜单【编辑/粘贴入】命令或按 Ctrl + Shift + V 键粘贴入图片，再按【箭头工具】把图像调好位置，如图 10.4.6 所示。

（7）其他素材图层按与步骤（4）～（6）相同的方法制作，如图 10.4.7 所示。

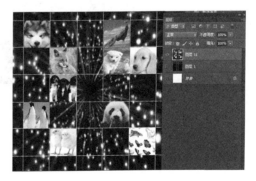

图 10.4.7　　　　　　　　　　　　　　图 10.4.8

（8）添加"图层 12"，如图 10.4.7 所示，按住 Ctrl 键单击"图层 1"得到选区，按 Ctrl + Shift + I 键反选，设置当前层为"图层 12"，按 Delete 键删除，显示出白色线条。隐藏"背景"图层和"图层 1"，按 Ctrl + Shift + E 键合并可见图层，如图 10.4.8 所示。

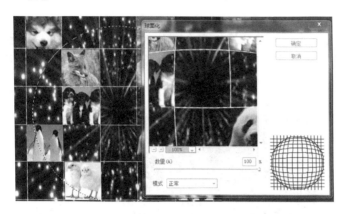

图 10.4.9   图 10.4.10

（9）按住 Alt 键从中心画一个圆，执行【滤镜/扭曲/球面化】命令，数量设为 100%，如图 10.4.9 所示。

（10）在选项栏上选择【与选区交叉】 ▣ 按钮，按住 Alt 键，再从中心画一个小椭圆，如图 10.4.10 所示。

（11）打开素材图片，按 Ctrl + A 键全选，按 Ctrl + C 键复制，按 Ctrl + W 键关闭图像。再按 Ctrl + Shift + V 键把图像装进所选区域中，适当调整图像位置，如图 10.4.11 所示。

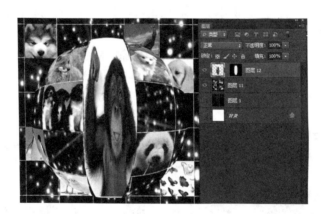

图 10.4.11

（12）按 Ctrl + S 键保存文档，文件命名为"动物万花筒. psd"。

任务 5　打开心灵之窗

 任务分析

眼睛是心灵的窗户，也是许多艺术家进行创作的主题。创作手法的多样化使最后产生的效果不尽相同，然而，正因为如此才给我们带来了不同的艺术享受。本任务运用【云彩】、【彩色半调】、【杂色】、【模糊】滤镜制作出晶莹剔透的水晶效果。

任务实现

（1）新建文件：大小为 500 像素 ×500 像素，颜色模式为 RGB 颜色，分辨率为 100 像素/英寸，背景内容为白色。

（2）设置前景色为蓝色（#00a2ff），然后执行【滤镜/渲染/云彩】命令，应用【云彩】滤镜。

（3）执行【滤镜/模糊/径向模糊】命令，在弹出的【径向模糊】对话框中设置模糊方法为【缩放】，品质为好，数量为 100，然后单击【确定】按钮，对图像应用【云彩】滤镜，效果如图 10.5.1 所示。

（4）新建一个图层，填充为白色，执行【滤镜/杂色/添加杂色】命令，在弹出的【添加杂色】对话框中勾选【单色】，设置分布为【平均分布】，数量为 144，在应用【添加杂色】滤镜后，再次对图像应用【径向模糊】滤镜，并将新建图层的混合模式设置为【颜色加深】，效果如图 10.5.2 所示。

图 10.5.1　　　　　　　　图 10.5.2

（5）将所有图层合并，选择【椭圆选框工具】，在图像中央绘制一个大小合适的正圆选区，按 Ctrl＋J 键生成眼球的虹膜部分——"图层 1"。然后使用【渐变工具】对"背景"图层应用由白色到淡紫色（#aab3dc）的辐射渐变填充，把"图层 1"的混合模式设置为【颜色加深】，效果如图 10.5.3 所示。

（6）新建一个图层，使用【椭圆选框工具】在图像中央绘制一个正圆选区，并用黑色进行填充作为眼球的瞳孔，然后执行【滤镜/模糊/高斯模糊】命令，在【高斯模糊】对话框中设置半径为 5.8，制作出瞳孔周围的羽化效果。

图 10.5.3　　　　　　　　图 10.5.4

（7）将瞳孔与虹膜层合并在一起，分别使用【减淡工具】和【加深工具】在眼球上进行涂抹，创建高光和阴影，使眼球产生立体效果，然后选择菜单栏中的【图层/图层样式/投影】命令，设置"投影"效果；最后应用【色相/饱和度】命令调整投影颜色为淡蓝色，效果如图10.5.4所示。

 知识导读

滤镜的概述

Photoshop 的滤镜是对图像进行特技处理的有力工具。滤镜可以比作看立体电影时戴的特殊眼镜，利用它可以使图像产生意想不到的艺术效果，如灯光效果、波浪效果、动感效果、拼贴效果等。滤镜产生的效果千变万化，但它们的使用方法基本相同。

Photoshop 中的滤镜可以分为三种类型：内阙滤镜、内置滤镜（自带滤镜）和外挂滤镜（第三方滤镜）。

内阙滤镜：是指内阙于 Photoshop 程序内部的滤镜（共6组24支），这些是不能删除的，即使你将 Photoshop 目录下的 plug. ins 目录删除，这些滤镜依然存在。

内置滤镜：是指在缺省安装 Photoshop 时，安装程序自动安装到 plug. ins 目录下的滤镜（共12组76支）。

外挂滤镜：是指除上述两类以外，由第三方厂商为 Photoshop 所生成的滤镜，不但数量庞大、种类繁多、功能不一，而且版本和种类都在不断地升级和更新，这些都是我们工作时所用到的对象。

滤镜可用于图层或通道，但在位图和索引模式图像中不能应用滤镜。此外，在 CMYK 和 Lab 模式下，部分滤镜组不能使用。Photoshop CS6 增加了【自适应广角】滤镜、【油画】滤镜以及三个模糊滤镜——【焦点模糊】、【光圈模糊】、【偏移模糊】。滤镜在有选区图像上使用时，针对选区进行滤镜处理；没有选区，则对当前图层或通道起作用。对局部图像应用滤镜时，常羽化选区，使处理的区域能自然地与相邻部分融合，减少突兀的感觉。执行完一个滤镜命令后，可执行【编辑】菜单中的【渐隐】命令，调整执行滤镜后的图像的不透明度及与源图像的混合模式等。

1. 像素化滤镜组

像素化滤镜可以将图像分块，使其看起来像由许多小块组成，其中包括：彩块化、彩色半调、点状化、晶格化、马赛克、碎片和铜版雕刻7种滤镜。

【彩块化】：将纯色或相似颜色的像素结合成彩色像素块，产生手绘效果。

【彩色半调】：模拟印刷网版效果。主要参数设置如下：

最大半径：用来设置图像半调网格的最大半径。取值范围：4~127 像素。

网角：设置图像每个半调网格点的角度。取值范围：－360°~＋360°。

在 RGB 系统颜色模式下，可使用前3个通道；在 CMYK 颜色模式下，可使用图中所有通道。

默认按钮：用来恢复系统设定的默认值。

【点状化】：将图像中的颜色分散为随机分布的网点，使图像产生彩点画的效果。

【晶格化】：使相近的有色像素集中到同一种颜色像素的多边形网格中，从而呈现出晶格状效果。

【马赛克】：将图像划分成大小相等的方块，方块中的色彩是原色彩像素的平均值，模拟马赛克的效果。

【碎片】：将画面分割成小块，每块创建四个备份，再使它们互相偏移，产生虚影效果。

【铜版雕刻】：在图像中随机产生各种不规则的直线、曲线和虫孔斑点，模拟出铜版画的效果。

2. 渲染滤镜组

【3D 变换】：通过模拟照相机的镜头来产生三维变形，使二维图像看上去具有三维效果。

其对话框左侧包含如下工具：【选择工具】、【直接选择工具】、【立方体工具】、【球面工具】、【圆柱体工具】、【转换锚点工具】、【添加锚点工具】、【删除锚点工具】、【全景照相工具】、【轨迹球工具】、【抓手工具】、【缩放工具】。在该对话框中单击【选项】按钮，屏幕上会出现一个选项对话框，参数设置如下：

分辨率：设置图像的分辨率。包括：低、中、高 3 项。

消除锯齿：设置图像映射时边缘锯齿的处理方式。包括：低、中、高和无。

显示背景：设置对图像映射线框以外的图像的处理方式。

在【3D 变换】对话框的右下方有一个【相机】选项组，主要参数设置如下：

视角：用来调整相机镜头的视角大小。取值范围：1°～130°。

移动摄影：用来设置相机与所拍摄物体间的距离。取值范围：0～99。

【分层云彩】：混合当前的前景色和背景色，随机生成云彩图案，并以【差值】模式，与原有像素混合。

【光照效果】：能产生多种多样的光照效果。该滤镜较为常用，功能强大，但设置也较复杂，主要参数设置如下：

样式：设置灯光模式。包括：两点钟聚光、蓝色光、光圈、交叉光、交叉俯射光、默认值（中等强度光）、五灯仰射光、五灯俯射光、闪光、泛光、平行光、RGB 光、柔和光、柔和全光、柔和点光、三灯俯射光、角点光等。

光照类型：设置光源类型。包括：点光、全光源、平行光。

属性：设置光线照射在物体上所表现出的物体材质及其反光性质。包括：光泽、杂边、材料、曝光度。

纹理通道：用来在图像中加入纹理，产生一种浮雕效果。

【镜头光晕】：模拟阳光直接照射到相机镜头时所拍摄到的效果。主要参数设置如下：

亮度：设置光线的亮度。取值范围：10%～300%。

光晕中心：设置发光中心位置。将光标移动到预览框中的适当地方，单击鼠标左键可改变当前光晕中心的位置。

镜头类型：用来选择相机镜头类型。包括：50 毫米～300 毫米变焦、35 毫米聚焦、105 毫米聚焦。

纹理填充：使用灰度模式文件（.psd）填充，填充自左上角开始。

【纤维】：利用前景色和背景色制作出纤维效果。

【云彩】：混合当前的前景色和背景色，随机生成云彩图案（遮蔽原有图像）。

3．扭曲滤镜组

扭曲滤镜可以生成发光、波纹、旋转及扭曲效果，其中包括：波浪、波纹、玻璃、海洋波纹、极坐标、挤压、镜头校正、扩散亮光、切变、球面化、水波、旋转扭曲和置换13种滤镜：

【波浪】：创建起伏的波浪效果，控制范围比【波纹】更大。主要参数设置如下：

生成器数：用来设置波浪的数量。取值范围：1～999。

波长：用来设置波峰间的距离。取值范围：1～999。它有最小和最大两项。

波幅：用来设置波浪的幅值范围。取值范围：1～999。

比例：用来设置水平和垂直方向的变形程度。取值范围：0～100%。

类型：用来设置波浪的形状特征。有正弦、三角形和方形3种波形可选择。

未定义区域：用来设置图像切变后未填充区域的处理方式。包括：折回和重复边缘像素。

随机化：用来随机地产生波纹。

【波纹】：用来创建起伏效果。主要参数设置如下：

数量：用来设置产生波纹的数量。取值范围：－999%～＋999%。负值表示波谷，正值为波峰。

大小：用来设置波纹的大小。有大、中、小3个选项。

【玻璃】：能产生如同透过不同种类的玻璃观看图像的效果。主要参数设置如下：

扭曲度：用来设置变形的程度。取值范围：0～20。

平滑度：用来设置图像变形的平滑强度。取值范围：1～15。

纹理：用来设置玻璃表面的纹理。包括：块、画布、霜、小镜头、载入纹理。

比例缩放：用来设置纹理的缩放比例。取值范围：50%～200%。

反相：用来设置纹理图的反色处理。

【海洋波纹】：用来在图像上产生随机间隔的波纹效果。主要参数设置如下：

波纹大小：设置波纹的大小。取值范围：1～15。

波纹幅度：用来设置波纹的密度。取值范围：0～20。

【极坐标】：可以将图像坐标从直角坐标系置换成极坐标系，反之亦然。

【挤压】：能将图像（或选区）向外呈球形膨胀或向中心收缩，产生三维效果。主要参数设置如下：

数量：用来设置挤压变形的方向和程度。取值范围：－100%～100%。负值为向外挤压，正值为向内挤压。绝对值越大，挤压变形越厉害。

【镜头校正】：可以校正普通相机的镜头变形失真的缺陷。

【扩散亮光】：对图像比较亮的区域进行发光处理。主要参数设置如下：

粒度：用来设置图像中高亮杂色的颗粒密度。取值范围：0～10。

发光量：用来设置背景色的数量。取值范围：0～20。数值越大，被光照的区域越大。

消除数量：用来设置图像内将被处理的阴暗区域的大小。取值范围：0～20。

【切变】：能让我们通过调整拖移框中的曲线方向扭曲图像。主要参数设置如下：

未定义区域：用来设置图像切变后未填充区域的处理方式。包括：折回和重复边缘像素。

曲线图：用来控制图像变形趋势。系统默认一条垂直线作为切变控制线，在该曲线上单击可以产生一个控制点，拖动此节点可改变曲线的形状，同时图像将随曲线的变化而产生相应的扭曲效果。对于复杂的切变，在曲线图总的切变控制线上单击可以增加控制点，并分别拖动这些控制点来调整曲线的形状，同时观察预览框中的图像的变化。

【球面化】：用来将图像（或选区）投影到球面上，产生三维效果。主要参数设置如下：

数量：用来设置球面化区域大小。取值范围：－100%～100%。正值表示向外凸，负值表示向内凹，绝对值越大，球面化的区域越大。

模式：用来设置球面化的模式。包括：正常、水平优先、垂直优先 3 个选项。

【水波】：用来制作三维水波纹效果。主要参数设置如下：

数量：用来设置波纹产生的数量。取值范围：0～20。

起伏：用来设置水波波纹的大小。取值范围：－100%～100%。取正值，产生凸波纹；取负值，产生凹波纹。

样式：用来设置产生水波的方式。包括：围绕中心、从中心向外和水池波纹 3 种方式。

【旋转扭曲】：在中心处强烈地旋转图像，产生旋涡效果。主要参数设置如下：

角度：用来设置图像旋转的角度。

取值范围：－999°～＋999°。取值为正时，旋转方向为顺时针方向；取值为负时，旋转方向为逆时针方向。

【置换】：根据参考图像的颜色值产生扭曲效果。主要参数设置如下：

水平比例：设置水平方向的位移量。取值范围：－9 999%～＋9 999%。

垂直比例：设置垂直方向的位移量。取值范围：－9 999%～＋9 999%。

置换图：设置置换图的作用领域。包括：伸展以适合、拼贴。

未定义区域：设置未定义区域的填充方式。包括：折回、重复边缘像素。

4. 模糊滤镜组

模糊滤镜可以对图像中的像素起到柔化作用，从而使图像产生模糊效果。其中包括：场影模糊、光圈模糊、倾斜偏移、表面模糊、动感模糊、方框模糊、高斯模糊、进一步模糊、径向模糊、镜头模糊、模糊、平均、特殊模糊和形状模糊 14 种滤镜。

【场影模糊】：可以在图片上添加多个模糊点，分别控制不同地方的清晰或模糊程度。

【光圈模糊】：就是用类似相机的镜头来对焦，焦点周围的图像会相应地模糊。

【倾斜偏移】：用来模仿微距图片拍摄的效果，比较适合俯拍或者镜头有点倾斜的图片使用。

【表面模糊】：能在保留图像边缘的情况下对图像内部进行模糊。

【动感模糊】：使像素沿某一方向线性位移，产生沿某一方向运动的模糊效果。

【方框模糊】：通过对图像相邻像素的运算，去除其中的杂色。

【高斯模糊】：利用高斯曲线的分布模式，有选择地模糊图像。

【进一步模糊】：模糊强度是普通模糊的 3～4 倍。

【径向模糊】：使图像从中心点向外旋转或缩放的模糊。

【镜头模糊】：模仿相机的背景虚化效果。

【模糊】：减小相邻像素之间的色彩差别，使图像边缘柔和。

【平均】：以邻近像素颜色平均值为基准模糊图像。

【特殊模糊】：产生类似手绘的效果。

【形状模糊】：使用指定的图形作为模糊中心进行模糊。

如图10.5.5所示为应用【高斯模糊】和【动感模糊】后的效果。

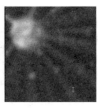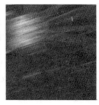

图10.5.5

5．杂色滤镜组

杂色滤镜可以将图像中存在的噪点与周围像素融合，使其看起来不太明晰，还可以在图像中添加许多杂色，使之与图像转换成像素图案。其中包括：减少杂色、蒙尘与划痕、去斑、添加杂色和中间值5种滤镜。

【减少杂色】：能让图像迅速地消除杂色，并且保持图像的清晰度。

【蒙尘与划痕】：将图像中有缺陷的像素融入周围的像素，达到去除蒙尘和折痕的效果。

【去斑】：探测图像中的边缘区域（有明显颜色变化的区域），并模糊除边缘外的部分。

【添加杂色】：在图像上随机添加杂色（颗粒点）。主要参数设置如下：

数量：设置添加干扰粒子素的数量。取值范围：0.10%~400.0%。

分布：设置干扰粒子产生方式。包括：平均分布和高斯分布2个选项。

单色：用来设置杂色色素是单色还是彩色干扰粒子。

【中间值】：用指定区域内的平均亮度取代该区域的所有亮度值，达到减少图像中杂色的效果。

如图10.5.6所示为应用【添加杂色】和【中间值】后的效果。

图10.5.6

6．画笔描边滤镜组

画笔描边滤镜可以控制图像中画笔描边的类型及形式。其中包括：成角的线条、墨水轮廓、喷溅、喷色描边、强化的边缘、深色线条、烟灰墨和阴影线 8 种滤镜。

【成角的线条】：产生斜笔画风格的图像。

【墨水轮廓】：产生使用墨水笔勾画图像轮廓线的效果，使图像具有比较明显的轮廓。

【喷溅】：产生如同在刚完成的绘画作品上喷水，或作品被雨水淋湿的视觉效果。

【喷色描边】：产生按一定方向喷洒水花的效果。

【强化的边缘】：类似于使用彩色笔来勾画图像边界而形成的效果，使图像有一个明显的边界线。

【深色线条】：用短而密的线条来绘制图像中的深色区域，用长而白的线条来绘制图像中颜色较浅的区域，从而产生一种很强的黑色阴影效果。

【烟灰墨】：计算图像中像素值的分布，对图像进行概括性的描述，进而产生用饱含黑色墨水的画笔在宣纸上进行绘画的效果。

【阴影线】：产生具有十字交叉线网格风格的图像。

如图 10.5.7 所示为应用【墨水轮廓】和【烟灰墨】后的效果。

图 10.5.7

7. 素描滤镜组

素描滤镜可以将图像转换成类似素描绘画的效果。其中包括：半调图案、便条纸、粉笔和炭笔、铬黄渐变、绘图笔、基底凸现、水彩画纸、撕边、塑料效果、炭笔、炭精笔、图章、网状和影印 14 种滤镜。

【半调图案】：使用前景色和背景色在当前图像中产生半色调图案的效果。主要参数设置如下：

大小：设置网格的间距大小。取值范围：1 ~ 12。

对比度：调节图像前景色的对比度。取值范围：1 ~ 50。

图案类型：设置网格图案的类型。包括：圆圈、网点和直线 3 种类型。

【便条纸】：产生如同手工制纸构成的图像。主要参数设置如下：

前景色阶：设置前景色的层次。取值范围：1 ~ 15。数值越大，处理层次越多，图像效果越逼真。

背景色阶：设置背景色的层次。取值范围：1 ~ 15。数值越大，处理层次越多。

纹理：设置纹理类型。包括：砖形、粗麻布、画布、砂岩和载入纹理。

缩放：设置纹理图的缩放比例。取值范围：50% ~ 200%。

凸现：设置覆盖纹理的起伏程度。取值范围：0 ~ 50。数值越大，纹理起伏越明显，立体感越强。

【粉笔和炭笔】：产生粉笔和炭精涂抹的草图效果。主要参数设置如下：

炭笔区：控制炭笔效果作用的区域。取值范围：0 ~ 20。数值越大，炭笔绘制的效果越明显。

粉笔区：控制粉笔效果作用的区域。取值范围：0 ~ 20。数值越大，粉笔绘制的效果越明显。

描边压力：控制笔触的压力。取值范围：0 ~ 5。数值越大，笔画线条越粗。

【铬黄渐变】：产生光滑的铬质效果。主要参数设置如下：

细节：设置铬黄效果的细腻程度。取值范围：0 ~ 10。

平滑度：设置图像的光滑程度。取值范围：0 ~ 10。

【绘图笔】：捕捉图像中的细节，产生素描的效果。主要参数设置如下：

线条长度：设置笔画的长度。取值范围：1 ~ 15。数值越大，笔画越长，画面显得越奔放不羁。

明/暗平衡：调节图像的明暗平衡度。取值范围：0 ~ 100。数值越大，图像中包括前景色的像素越多，直至整个图像变成前景色。

描边方向：设置笔画的方向。包括：右对角线、水平、左对角线、垂直4个选项。

【基底凸现】：产生一种粗糙的、类似于浮雕的效果。主要参数设置如下：

细节：调整浮雕效果的细节。取值范围：1 ~ 15。数值越大，浮雕效果处理得越细腻。

平滑度：设置图像边缘的平滑程度。取值范围：1 ~ 15。

光照方向：设置灯光位置。包括：底、左下、左、左上、顶、右上、右、右下8种方向选项。

【水彩画纸】：使图像颜色溢出、混合，产生渗透的效果。

【撕边】：产生撕纸边缘的效果。

【塑料效果】：产生立体压模成像的效果。主要参数设置如下：

图像平衡：调节图像中前景色与背景色的平衡度。取值范围：0 ~ 50。

平滑度：调节效果的平滑程度。取值范围：1 ~ 15。

光照方向：设置灯光位置。包括：底、左下、左、左上、顶、右上、右、右下8种方向选项。

【炭笔】：产生色调分离的、涂抹的素描效果。主要参数设置如下：

炭笔粗细：设置炭笔笔画的宽度。取值范围：1 ~ 7。数值越大，炭笔涂抹得越浑厚，炭笔效果越明显。

细节：设置炭笔效果的细腻程度。取值范围：0 ~ 5。

明/暗平衡：调节明暗平衡度。取值范围：0 ~ 100。数值越大，图像越明亮。

【炭精笔】：产生炭精画的效果。

【图章】：用于创建类似于橡皮或木制图章盖出来的效果。主要参数设置如下：

明/暗平衡：设置前景色与背景色的平衡。取值范围：0 ~ 50。数值越大，图像中包括前景色的像素越多。

平滑度：设置图像边缘的平滑程度。取值范围：1～50。

【网状】：模仿胶片感光乳剂的受控收缩和扭曲的效果。主要参数设置如下：

浓度：设置网格的密度。取值范围：0～50。

前景色阶：调节前景色的层次。取值范围：0～50。数值越大，图像画面层次越丰富。

背景色阶：调节背景色的层次。取值范围：0～50。数值越大，图像画面层次越丰富。

【影印】：该滤镜产生凹陷压印的立体感效果。主要参数设置如下：

细节：调整图像效果的细腻程度。取值范围：1～24。

暗度：调整图像前景色的暗度。取值范围：1～50。数值越大，前景色作用区域越明显，如图10.5.8所示为应用【铬黄渐变】和【基底凸现】后的效果。

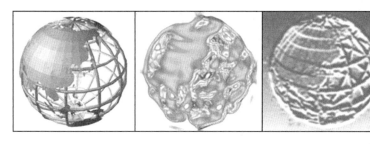

图10.5.8

8．纹理滤镜组

纹理滤镜可以在图像中添加各种纹理或材质效果。其中包括：龟裂缝、颗粒、马赛克拼贴、拼缀图、染色玻璃和纹理化6种滤镜：

纹理滤镜组中的滤镜可使图像产生浓度感或材质感。该组共有6种滤镜，各自的功能如下：

【龟裂缝】：沿图形轮廓产生精细的裂纹。主要参数设置如下：

裂缝间隙：设置裂纹纹理间的间距。取值范围：2～100。数值越大，裂纹间距越大。

裂缝深度：设置裂纹纹理的深度。取值范围：0～10。数值越大，裂纹越深。

裂纹亮度：设置裂纹的亮度。取值范围：0～10。数值越大，裂纹越亮。

【颗粒】：在图像上添加一些点状颗粒。例如，可用【颗粒】滤镜产生暴风雪的效果。主要参数设置如下：

强度：设置颗粒的密度。取值范围：0～100。

对比度：设置图像的对比度。取值范围：0～100。

颗粒类型：设置颗粒的类型。包括：常规、软化、喷洒、结块、强反差、扩大、点刻、水平、垂直和斑点10种类型的选择。

【马赛克拼贴】：使图像产生马赛克拼贴的效果。主要参数设置如下：

拼贴大小：设置马赛克瓷砖的大小。取值范围：2～100。

缝隙宽度：设置瓷砖间缝隙的宽度。取值范围：0～15。

加亮缝隙：设置瓷砖间缝隙的亮度。取值范围：0～10。

【拼缀图】：将图像拆分成多个小方块，用方块区域中最显著的颜色填充。主要参数设置如下：

平方大小：设置瓷片的尺寸大小。取值范围：0～10。

凸现：设置瓷片间隙的深度。取值范围：0～25。数值越大，瓷片凸起效果越好，立体感越强。

【染色玻璃】：用前景色将图像分割成不规则的蜂窝状（六边形）网格，格子中填充原有像素颜色的平均值，从而产生彩色玻璃的效果。主要参数设置如下：

单元格大小：设置彩色玻璃格子的大小。取值范围：2～50。数值越大，玻璃格越大。

边框粗细：设置彩色玻璃格子边缘线的宽度。取值范围：1～20。数值越大，其边缘线越宽。

光照强度：设置灯光强度。取值范围：0～10。

【纹理化】：使图像产生凹凸纹理效果。主要参数设置如下：

纹理：用来选择纹理式样。包括：砖形、粗麻布、画布、砂岩、载入纹理等。

缩放：设置覆盖纹理的缩放比例。取值范围：50%～200%。

凸现：设置覆盖纹理的起伏程度。取值范围：0～50。数值越大，纹理起伏效果越明显。

光照方向：调整光线的照射方向。包括：底、左下、左、左上、顶、右上、右、右下8 种选项。

反向：用来选择是否要将图像作反向转换处理。

如图 10.5.9 所示为应用【马赛克拼贴】和【染色玻璃】后的效果。

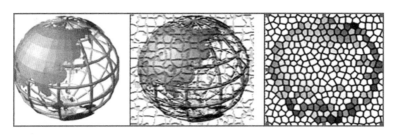

图 10.5.9

9. 艺术效果滤镜组

艺术效果滤镜可以在图像中模拟自然或传统介质，从而使作品更有绘画感觉或其他特殊效果。其中包括：壁画、彩色铅笔、粗糙蜡笔、底纹效果、调色刀、干画笔、海报边缘、海绵、绘画涂抹、胶片颗粒、木刻、霓虹灯光、水彩、塑料包装和涂抹棒 15 种滤镜。

【壁画】：改变图像的对比度，使暗调区域的图像轮廓更清晰，最终形成类似古壁画的效果。

【彩色铅笔】：模拟使用彩色铅笔在纯色背景上绘画。

【粗糙蜡笔】：产生具有在粗糙物体表面（即纹理）上绘制图像的效果。

【底纹效果】：产生具有纹理的图像，看起来好像是从背面画出来的。

【调色刀】：使图像中相近的颜色相互融合，减少了细节，产生了写意效果。

【干画笔】：模仿使用颜料快用完的毛笔进行作画，笔迹的边缘断断续续、若有若无，产生一种干枯的油画效果。

【海报边缘】：增加图像对比度，并沿边缘加上少量黑色，能够产生具有贴画边缘效果的图像，也有点木刻画的近似效果。

【海绵】：模拟在纸张上用海绵轻轻涂抹颜料的画法。

【绘画涂抹】：产生类似于在未干的画布上进行涂抹而形成的模糊效果。

【胶片颗粒】：给原图像加上一些杂色的同时，调亮并强调图像的局部像素。

【木刻】：使图像产生类似于由粗糙的剪纸组成的效果。

【霓虹灯光】：产生负片图像，使其看起来如同被氖光照射的效果。

【水彩】：描绘图像中景物形状并简化颜色，产生水彩画的效果。

【塑料包装】：产生塑料薄膜封包的效果。

【涂抹棒】：产生使用粗糙物体在图像上进行涂抹的效果。

如图 10.5.10 所示为应用多种艺术画笔后的效果。

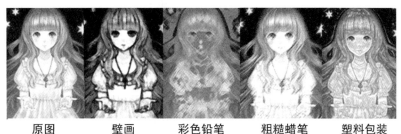

原图　　　壁画　　　彩色铅笔　　粗糙蜡笔　　塑料包装

图 10.5.10

10. 锐化效果滤镜组

锐化滤镜可以增强图像中相邻像素间的对比度，从而在视觉上使图像变得更加清晰。其中包括：USM 锐化、进一步锐化、锐化、锐化边缘和智能锐化 5 种滤镜。

【USM 锐化】：该滤镜是通过锐化图像的轮廓，使图像的不同颜色之间生成明显的分界线，从而达到图像清晰化的目的。与其他锐化滤镜不同的是，该滤镜允许用户设定锐化的程度。主要参数设置如下：

数量：设置边缘的锐化程度。取值范围：1% ~ 500%。

半径：用来设置边缘锐化的范围。取值范围：0.1 ~ 250 像素。

阈值：设置相邻两个像素色值之差的限定值。取值范围：0 ~ 255 色阶。当两相邻像素色值差大于某个设定阈值时，则作锐化处理；否则不予锐化处理。

【进一步锐化】：通过增强图像相邻像素的对比度来达到清晰图像的目的，强度较大。

【锐化】：通过增强图像相邻像素的对比度来达到清晰图像的目的，作用较小。

【锐化边缘】：该滤镜同【USM 锐化】滤镜类似，但它没有参数控制，且它只对图像中具有明显反差的边缘进行锐化处理，如果反差较小，则不作锐化处理。

【智能锐化】：该滤镜采用新的运算方法，可以更好地进行边缘探测，减少锐化所产生的晕影，从而进一步改善图像边缘细节。

如图 10.5.11 所示为应用【USM 锐化】和【智能锐化】后的效果。

图 10.5.11

11．风格化滤镜组

风格化滤镜可以使图像产生印象派或其他绘画效果，效果非常显著，几乎看不出原图效果。其中包括：查找边缘、等高线、风、浮雕效果、扩散、拼贴、曝光过度、凸出和照亮边缘 9 种滤镜。

【查找边缘】：查找图像中色彩有明显过渡区域的边缘，并用深色线条勾画出来。

【等高线】：在每个通道中查找亮度有明显差异区域的边缘，并用相应的浅色线条勾画出来。

【风】：用于在图像中产生起风的效果。

【浮雕效果】：用于在图像中产生浮雕效果。

【扩散】：分散图像上的像素，产生颗粒沙化的效果。

【拼贴】：将画面分割成一系列的小块，移动它们的位置，并在缝隙中填充颜色或图像。

【曝光过度】：模拟胶卷曝光过度的效果。

【凸出】：用于制作三维纹理，使图像产生块形或金字塔形凸起的效果。

【照亮边缘】：勾画出色彩的边缘，并增加高亮度，产生类似于霓虹灯的亮光。

12．其他滤镜组

其他滤镜组中的滤镜是一组单独的滤镜，不适于任何滤镜组中的滤镜，该组中的滤镜可以用来偏移图像、调整最大值和最小值等。其中包括：高反差保留、位移、自定、最大值和最小值 5 种滤镜。

【高反差保留】：用来删除图像中亮度逐渐变化的部分，而保留色彩变化最大的部分，使图像中的阴影消失而突出亮点。

【位移】：该滤镜可以在【参数设置】对话框里设置参数值来控制图像的偏移。

【自定】：该滤镜可以使用户定义自己的滤镜，用户可以控制所有被筛选的像素的亮度值。

【最大值】：该滤镜向外扩展白色区域并收缩黑色区域。

【最小值】：该滤镜向外扩展黑色区域并收缩白色区域。

如图 10.5.12 所示为应用【高反差保留】和【最大值】后的效果。

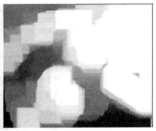

图 10.5.12

13．智能滤镜

在 Photoshop CS6 中智能滤镜可以在不破坏图像本身像素的条件下为图层添加滤镜效果。

【创建智能滤镜】：【图层】调板中的普通图层应用滤镜后，原来的图像将会被取代；【图层】调板中的智能对象可以直接将滤镜添加到图像中，但是不破坏图像本身的像素。首先执行菜单【图层/智能对象/转换为智能对象】命令，即可将普通图层或背景图层变成智能对象，或执行菜单【滤镜/转换为智能滤镜】命令，此时会弹出如图 10.5.13 所示的提示对话框。

单击【确定】按钮，即可将当前图层转换成智能对象图层，再执行相应的滤镜命令，就会在【图层】调板中看到该滤镜显示在智能滤镜的下方，如图 10.5.14 所示。

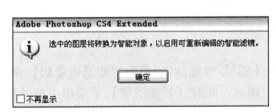

图 10.5.13

图 10.5.14

【编辑智能滤镜混合选项】：在应用的滤镜效果名称上单击右键，在弹出的菜单中选择【编辑智能滤镜混合选项】，或在后面的空白处双击鼠标，即可打开【混合选项】对话框，在该对话框中可以设置该滤镜在图层中的模式和不透明度，如图 10.5.15 所示。

图 10.5.15

【停用/启用智能滤镜】：在【图层】调板中应用智能滤镜后，执行【图层/智能滤镜/停用智能滤镜】命令，即可将当前使用的"智能滤镜"效果隐藏，还原图像的原来品质，此时【智能滤镜】子菜单中的【停用智能滤镜】命令变成【启用智能滤镜】，执行此命令即可启用智能滤镜，如图 10.5.16 所示。

图 10.5.16

【删除/添加智能滤镜蒙版】：执行菜单【图层/智能滤镜/删除智能滤镜蒙版】命令，即可将智能滤镜中的蒙版从【图层】调板中删除，此时【智能滤镜】子菜单中的【删除智能滤镜】命令变成【添加智能滤镜】，执行此命令即可将蒙版添加到智能滤镜后面，如图 10.5.17 所示。

图 10.5.17

【停用/启用智能滤镜蒙版】：执行菜单【图层/智能滤镜/停用智能滤镜蒙版】命令，即可将智能滤镜中的蒙版停用，此时会在蒙版上出现一个红叉，应用【停用智能滤镜蒙版】命令后，【智能滤镜】子菜单中的【停用智能滤镜蒙版】命令变成【启用智能滤镜蒙版】，执行此命令即可将蒙版重新启用，如图 10.5.18 所示。

图 10.5.18

【清除智能滤镜】：执行菜单【图层/智能滤镜/清除智能滤镜】命令，即可将应用的智能滤镜从【图层】调板中删除，如图 10.5.19 所示。

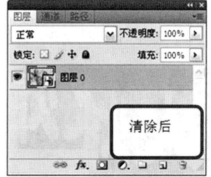

图 10.5.19

任务 6　制作火焰字

 任务分析

运用滤镜/风格化/风、滤镜/扭曲/波纹等命令轻松制作火焰字。

 任务实现

（1）新建文件：宽度为 600 像素，高度为 500 像素，颜色模式为灰度，分辨率为 150 像素/英寸，背景填充为黑色。

（2）选择【文字工具】，输入文字"火焰"，字体为黑体，字号大小为100，颜色为白色，如图10.6.1所示。

 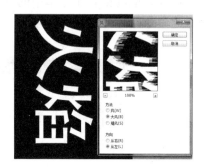

图10.6.1　　　　　　　　　　　　　　　图10.6.2

（3）合并文字与背景图层，选择【图像/旋转画布/90°】（顺时针），旋转图像。

（4）执行【滤镜/风格化/风】命令，设置参数，多次执行【风】滤镜，加强风吹效果（如3次），效果如图10.6.2所示。

（5）执行【图像/旋转画布/90°】命令（逆时针），旋转回图像，执行【滤镜/扭曲/波纹】命令，参数设置如图10.6.3所示。

（6）执行【图像/模式/索引颜色】命令，将图像转换成索引模式，在【图像/模式/颜色表】命令中选择【黑体】选项，确认后即可得到制作效果，如图10.6.4所示。

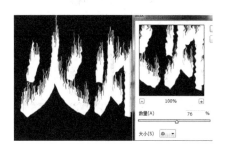 

图10.6.3　　　　　　　　　　　　　　　图10.6.4

任务7　制作羽毛扇

 任务分析

运用滤镜/风格化/风、编辑/变换/水平翻转、选择/修改/收缩、选区羽化、旋转复制（Ctrl + Shift + Alt + T键）等命令制作羽毛扇。

 任务实现

（1）新建文件：宽度为600像素，高度为400像素，颜色模式为RGB，分辨率为100

像素/英寸，背景填充为黑色。

（2）新建"图层 1"，用直径为 1 像素的白色硬笔画笔在图像中央绘制一条垂直的直线。

（3）将直线逆时针方向旋转 45°，执行【滤镜/风格化/风】命令，在打开的【风】对话框中设置方法为【风】，方向为【从右】，单击【确定】按钮，关闭对话框。

（4）两次按下 Ctrl + F 键重复执行【风】滤镜。

（5）将图像顺时针方向旋转 45°角。复制"图层 1"而生成"图层 1 副本"，执行【编辑/变换/水平翻转】命令，将"图层 1 副本"中的图像翻转。

（6）将"图层 1 副本"中的图像向右轻移与"图层 1"对接，如图 10.7.1 所示。按下 Ctrl + E 键，将"图层 1"和"图层 1 副本"合并成"图层 1"。

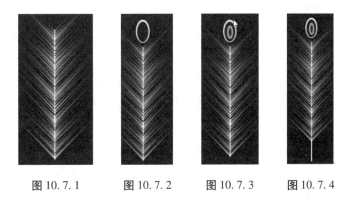

图 10.7.1　　　图 10.7.2　　　图 10.7.3　　　图 10.7.4

（7）使用【椭圆选框工具】在羽毛上方绘制一个椭圆选区并用白色填充，执行【选择/修改/收缩】命令，将选区收缩 2 个像素，羽化 1 个像素，向下移动 1 个像素后，删除选区内的图像，效果如图 10.7.2 所示。

（8）重复步骤（7），在椭圆环的内部再做一个小的椭圆环，如图 10.7.3 所示。

（9）用直径为 3 像素的白色硬笔画笔在羽毛下方绘制一直线，如图 10.7.4 所示。

（10）将羽毛逆时针方向旋转 84 度，并调整好位置。按下 Ctrl + Alt 键，把变换中心移到羽毛柄上方 1/3 处，在选项栏中设置旋转角度为 12 度，确认变换。多次按下 Ctrl + Shift + Alt + T 键，对羽毛进行旋转复制，效果如图 10.7.5 所示。

（11）隐藏"背景"图层，按下 Ctrl + Shift + E 键合并可见图层。可进一步用渐变色填充白色羽毛扇，对扇子进行装饰。

图 10.7.5

任务 8   冰块的制作

 任务分析

运用【多边形套索工具】、【渐变工具】及【液化】滤镜、【高斯模糊】滤镜、【铬黄渐变】滤镜、图层蒙版等制作冰块。

 任务实现

（1）新建文件：宽度为 600 像素，高度为 400 像素，颜色模式为 RGB，分辨率为 150 像素/英寸，背景内容为白色。

（2）新建一个图层，打开【视图/网格】，注意图层是空白的、完全透明的。

（3）运用【多边形套索工具】绘制正方体的顶面，如图 10.8.1 所示。

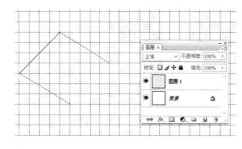

图 10.8.1   图 10.8.2

（4）打开【渐变工具】，选择黑白渐变，效果如图 10.8.2 所示。

（5）用同样的方法绘制另外两个面，并用【渐变工具】填充，效果如图 10.8.3 所示。

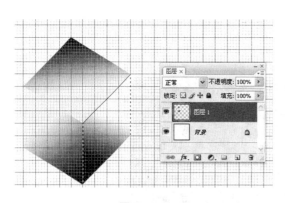 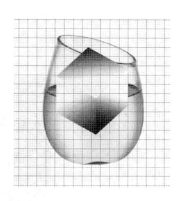

图 10.8.3   图 10.8.4

（6）打开水杯，调整正方体的大小和位置，如图 10.8.4 所示。

（7）执行【滤镜/液化】命令，打开【液化】对话框。使用【向前变形工具】命令，选择适当的画笔大小，将内部的各面边缘扭曲一下，外框也做适量的扭曲，只不过扭曲程度小一些，如图 10.8.5 所示。

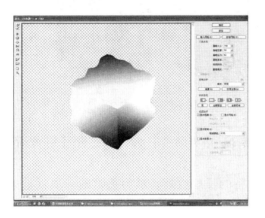

图 10.8.5　　　　　　　　　　　　　　图 10.8.6

（8）确定之后，画面上的方块已经变得不再规矩了。但是冰块在水中会融化，不会有太多明显的棱角。为了做到这一点，执行 Ctrl + J 键复制一层冰块原型，并按 Ctrl 键，用鼠标点击该图层缩览图载入图层选区，效果如图 10.8.6 所示。

（9）选择【滤镜/模糊/高斯模糊】，参数设置如图 10.8.7，使得看到的边界不太清晰，效果如图 10.8.7 所示。

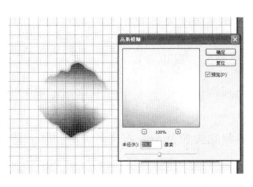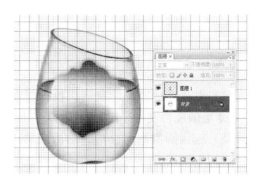

图 10.8.7　　　　　　　　　　　　　　图 10.8.8

（10）确定后按 Ctrl + E 键合并图层，效果如图 10.8.8 所示。

（11）选择【画笔工具】，随意地在冰块原型上画几下。这些画笔痕迹将会影响冰块表面的起伏程度，应尽量让它们显得自然一些，并且能和周围融合。这样，便成功地塑造出了冰块的形状，并且初步奠定了冰块的纹理基础，效果如图 10.8.9 所示。

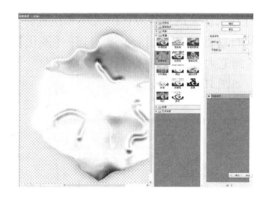

图 10.8.9   图 10.8.10

（12）载入冰块原型的选区，执行【滤镜/素描/铬黄渐变】命令。打开【铬黄渐变】对话框，参数设置如图 10.8.10 所示。

（13）确定应用滤镜，画面中出现了冰块独特的反射纹理。最为关键的一步就是采用铬黄滤镜，以灰度变化为基础纹理，生成冰块的反射图案，效果如图 10.8.11 所示。

图 10.8.11   图 10.8.12

（14）载入冰块原型的选区，执行【选择/调整/平滑】命令，取样半径设置为 5 像素。让冰块的棱角变得平滑，如图 10.8.12 所示。

（15）选区圆滑后，反选，然后按 Delete 键删除尖锐部分。按 Ctrl + D 键取消选区，效果如图 10.8.13 所示。

图 10.8.13   图 10.8.14

（16）按 Ctrl + J 键复制一个冰块图层，然后将原图层隐藏作为备份。选择复制好的冰块原型层，按下 Ctrl + T 键，调整这个冰块胚子的大小。冰块形状和纹理令人满意，但是冰块还有一个非常重要的特性就是"透明"。将冰块的图层混合模式改成【变亮】，如图 10.8.14 所示。

（17）使用【钢笔工具】，小心地勾勒出水与杯交界的部分，其范围应能覆盖住整个冰块下部，如图 10.8.15 所示。

图 10.8.15

图 10.8.16

（18）按下 Ctrl + Enter 键，将路径转换为选区。回到原图层，按下 Ctrl + J 键，将当前选区内容复制为一个新层，并调整图层顺序，让它覆盖在冰块的上面，效果如图 10.8.16 所示。

（19）冰块放在水里面的效果初步做出来了。冰块贴在杯壁的时候，会让水与杯的交界线略有上升，载入"图层 2"选区，打开【液化工具】对话框，使用【向前变形工具】将交界线部分向上弯曲，如图 10.8.17 所示。

图 10.8.17

图 10.8.18

（20）确定之后回到【图层】面板。对复制出来的水加以调整，单击 添加【铬黄渐变】滤镜，如图 10.8.18 所示。

（21）选择【画笔工具】，点击选项栏中的柔角画笔，选择适当的画笔大小，设置不透明度为 65%。点击图层的蒙版缩览图，确定蒙版被选中。用画笔以黑色涂抹，注意黑色交界线部分不要涂抹（这部分在画面上需要清晰，不要透明），而其他部位就相应地多涂几下，务必使得画布上的效果自然，如图10.8.19所示。

（22）新建填充和调整图层，并选择曲线调整类型，如图10.8.20所示。

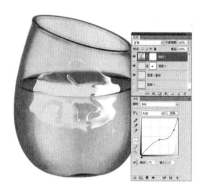

图10.8.19   图10.8.20

 知识导读

（一）液化

Photoshop CS6滤镜改进了【液化】滤镜、【镜头校正】滤镜以及【光照效果】滤镜。【液化】滤镜删除了【镜像工具】、【湍流工具】、【顺时针旋转扭曲工具】、【解冻蒙版工具】以及重建模式；同时设置了【高级模式】复选项，即将液化分解为精简和高级两种模式。

使用【液化】滤镜命令可以使图像产生液体流动的效果，从而创建出局部推拉、扭曲、局部放大缩小、局部旋转等特殊效果。在菜单栏中执行【滤镜/液化】命令，即可打开如图10.8.21所示的【液化】对话框。

图10.8.21

其中的各项含义如下：

工具箱：用来存放液化处理图像的工具。

向前变形工具：使用该工具在图像上拖动，会使图像向拖动方向产生弯曲变形效果。

重建工具：使用该工具在图像上已发生变形的区域单击或拖动，可以使已变形图像恢复为原始状态。

褶皱工具：在图像上单击或拖动时，会使图像中的像素向画笔区域的中心移动，使图像产生收缩效果。

膨胀工具：在图像上单击或拖动时，会使图像中的像素从画笔区域的中心向画笔边缘移动，使图像产生膨胀效果。该工具产生的效果正好与【褶皱工具】产生的效果相反。

左推工具：在图像上拖动时，图像中的像素会以相对于拖动方向左垂直的方向在画笔区域内移动，使其产生挤压效果；按住 Alt 键拖动鼠标时，图像中的像素会以相对于拖动方向右垂直的方向在画笔区域内移动，使其产生挤压效果。

缩放工具：用来缩放预览区的视图，在预览区内单击会将图像放大，按住 Alt 键单击鼠标会将图像缩小。

抓手工具：当图像放大到超出预览框时，使用【抓手工具】可以移动图像查看局部。

（二）消失点

使用【消失点】滤镜命令中的工具可以在创建的图像选区内进行克隆、喷绘、粘贴图像等操作。所做的操作会自动应用透视原理，按照透视的比例和角度自动计算，自动适应对图像的修改，大大节约了精确设计和制作多面立体效果所需的时间。【消失点】命令还可以将图像依附到三维图像上，系统会自动计算图像的各个面的透视程度。执行菜单【滤镜/消失点】命令，即可打开如图 10.8.22 所示的【消失点】对话框。

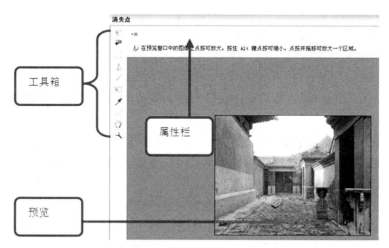

图 10.8.22

其中的各项含义如下：

创建平面工具：可以在预览编辑区的图像中单击创建平面的四个点，节点之间会自动连接成透视平面。在透视平面边缘上按住 Ctrl 键向外拖动时，会产生另一个与之配套的透视平面。

编辑平面工具：可以对创建的透视平面进行选择、编辑、移动和调整大小。存在两个平面时，按住 Alt 键拖动控制点可以改变两个平面的角度。此时选项栏中的【网格大小】和【角】两个选项会被激活，可以用来更改平面中的网格密度和角度。

选框工具：在平面内拖动即可创建选区。按 Alt 键拖动选区可以将选区内的图像复制到其他位置，复制的图像会自动生成透视效果；按 Ctrl 键拖动选区可以将选区停留的图像复制到创建的选区内。选择【选框工具】后，在对话框的选项栏中将会出现羽化、不透明度、修复和移动模式 4 个选项。

图章工具：该工具与工具箱中的【仿制图章工具】用法相同，只是多出了修复透视区域效果。按住 Alt 键在平面内取样，松开键盘，移动鼠标到需要仿制的地方，按下鼠标拖动即可复制，复制的图像会自动调整所在位置的透视效果。选择【图章工具】后，在对话框中的选项栏中将会出现直径、硬度、不透明度、修复和对齐 5 个选项。

画笔工具：使用【画笔工具】可以在图像内绘制选定颜色的画笔，在创建的平面内绘制的画笔会自动调整透视效果。选择【画笔工具】后，在对话框的选项栏中将会出现直径、硬度、不透明度、修复和画笔颜色 5 个选项。

变换工具：使用【变换工具】可以对选区复制的图像进行调整变换。还可以将被复制到【消失点】对话框中的其他图像拖动到多维平面内，并可以对其进行移动和变换。选择【变换工具】后，在对话框的选项栏中将会出现水平翻转和垂直翻转两个选项。

吸管工具：在图像中采集颜色，选取的颜色可作为画笔的颜色。

缩放工具：用来缩放预览区的视图，在预览区内单击会将图像放大，按住 Alt 键单击鼠标会将图像缩小。

抓手工具：当图像放大到超出预览框时，使用【抓手工具】可以移动图像查看局部。

（三）视频滤镜组

视频滤镜是一组控制视频工具的滤镜，主要用于处理从摄像机输入的图像，或为图像输出到录像带做前期处理。

1. 逐行滤镜

可以用来矫正视频图像，即矫正由奇数行与偶数行的异步扫描图像造成锯齿和跳跃的画面。

摄像机拍摄图像时是采用隔行交替的方式进行扫描的，用奇数场和偶数场分别记录奇数行和偶数行的信息。在对运动物体进行拍摄时，奇数行与偶数行的不同步扫描将使图像产生异常交错线，从而使图像画面模糊。

该滤镜使用复制或插值的方法可有效地消除这一缺陷。

消除：用来选择处理对象，即可选择消除奇数场还是偶数场。

创建新栏数量：设置创建新行的方式。包括：复制（用创建像素的方法来创建新行）、插值（用插值算法来创建新行）。

2. NTSC 颜色滤镜

用于将图像中的某些颜色转换为适合于视频输出的要求，即使图像的色域与 NTST 视频标准相匹配。其目的是将图像的色域控制在视频设备所能显示色域的范围以内，即避免图像在输出显示时产生溢色现象。

（四）图案生成器

【图案生成器】滤镜根据选区中的图案或剪贴板中的图像拼贴成新图案。应用特殊的混合算法，实现各拼贴块之间的无缝连接。

（五）外挂滤镜的应用

外挂滤镜不是 Photoshop CS6 自带的滤镜，而是由其他厂家开发的，它不能独立运行，必须依附在 Photoshop CS6 中才能使用，像 KPT（Kai's Power Tools）Eye Candy 就是典型的外挂滤镜。外挂滤镜在很大程度上弥补了 Photoshop CS6 自身滤镜的部分缺陷，可以轻而易举地制作出非常漂亮的图像效果。

1. 外挂滤镜的安装

外挂滤镜多种多样，其安装的方法也大同小异，只需按照软件提供的安装说明进行即可，安装完后启动 Photoshop CS6，外挂滤镜就会显示在【滤镜】菜单中。

2. 外挂滤镜的使用

外挂滤镜的使用方法与系统自带的滤镜一样，由于是第三方软件，所以不同的外挂滤镜具有不同的工作界面，功能自然也不一样。

3. 常见的 10 种外挂滤镜

Alien Skin Eye Candy 5 Textures；Flaming Pear Flood；Auto FX Software Mystical Lighting；Neat Image Pro Plus；Kodak Digital Sho；Nik Color Efex；Flaming Pear SolarCell；Adobe Camera Raw；Asiva selection；Flaming Pear Superblade。

任务 9　雨景的制作

 任务分析

使用【点状化】、【动感模糊】、【USM 锐化】、【水波】滤镜工具制作真实的下雨的效果。

 任务实现

（1）打开游泳池背景素材，按 Ctrl + J 键复制出"背景副本"图层。

（2）执行【图像/调整/色相/饱和度】命令（参数设置：饱和度为 - 40）。

（3）执行【图像/调整/亮度/对比度】命令（参数设置：亮度为 - 40），完成下雨天的雨情景色调制作。

（4）将前景色和背景色分别设置成红色（#b02f04）和白色（#ffffff），新建"图层1"，选择【油漆桶工具】用前景色填充。

（5）执行【滤镜/像素化/点状化】命令，单元格大小设置为 4，如图 10.9.1 所示。

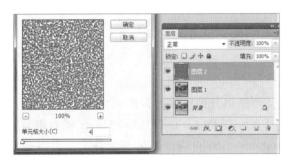

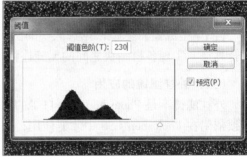

图 10.9.1   图 10.9.2

（6）执行【图像/调整/阈值】命令，阈值色阶设置为230，如图10.9.2所示。

（7）执行【滤镜/模糊/动感模糊】命令，角度设置为 –86 度，距离设置为 30 像素，如图10.9.3所示。

图 10.9.3   图 10.9.4

（8）将"图层2"的图层混合模式改为【滤色】，效果如图10.9.4所示。

（9）选择锐化滤镜的【USM 锐化】，参数设置如图10.9.5所示，这样可以隐约出现雨滴效果，按 Ctrl + F 键两次继续锐化，控制雨量的大小，用不同透明度的橡皮擦轻轻擦除画面，打乱雨的连续性，使之更加自然，效果如图10.9.6所示。

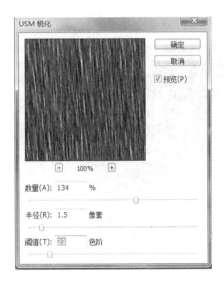

图 10.9.5　　　　　　　　　　　　图 10.9.6

（10）设置"背景"图层为当前层，用【套索工具】选中水池，按 Ctrl + J 键复制图层。

（11）执行【滤镜/像素化/点状化】命令，单元格大小设置为 3。

（12）执行【图像/调整/阈值】命令，阈值半径设置为 255。

（13）执行【滤镜/模糊/动感模糊】命令，角度设置为 0 度，距离设置为 8 像素，效果如图 10.9.7 所示。

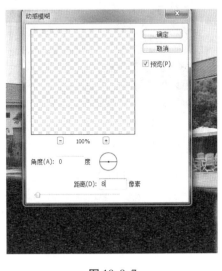

图 10.9.7　　　　　　　　　　　　图 10.9.8

（14）将图层混合模式改为【滤色】，选择【橡皮擦工具】擦掉过于抢眼的白点，将【魔棒工具】的容差值设为 32，选择白点，效果如图 10.9.8 所示。

（15）执行【选择/修改/收缩】命令，收缩量设置为 1 像素，按 Delete 键删除选区内的图像，然后按 Ctrl + D 键取消选区，效果如图 10.9.9 所示。

图 10.9.9　　　　　　　　　　　　　　图 10.9.10

（16）按 Ctrl + Shift + E 键合并可见图层，选择【椭圆选框工具】，在水池中画个圆，按 Ctrl + J 键复制图层，效果如图 10.9.10 所示。

（17）执行【滤镜/扭曲/水波】命令，参数设置如图 10.9.11 所示。

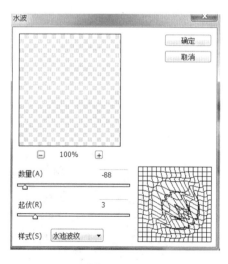

图 10.9.11　　　　　　　　　　　　　　图 10.9.12

（18）按 Ctrl + T 键进行缩放、翻转、变形，复制多个涟漪图层，最后合并所有涟漪图层完成制作，效果如图 10.9.12 所示。

任务 10　制作水滴效果

　任务分析

运用【钢笔工具】、【路径工具】、【渐变工具】、【色彩调整工具】及【球面化】滤镜、【高斯模糊】滤镜、图层样式等制作逼真的水滴效果。

　任务实现

（1）按 Ctrl + O 键，打开素材图片"叶子.jpg"。

（2）单击工具箱中的【钢笔工具】 ，将鼠标移动到画面中，依次单击鼠标左键，绘制出如图 10.10.1 所示的钢笔路径。

图 10.10.1　　　　　　　　　　　　　图 10.10.2

（3）单击工具箱中的【转换点工具】 ，依次对绘制路径的锚点进行调整，调整后的路径形态如图 10.10.2 所示。

（4）按 Ctrl + Enter 键将路径转换为选区，然后选择菜单栏中的【图层/新建/通过拷贝的图层】命令（快捷键为 Ctrl + J 键），将选区的图形通过复制生成"图层 1"。

（5）按住 Ctrl 键，单击【图层】面板中"图层 1"的缩览图，为其添加选区，其状态如图 10.10.3 所示。

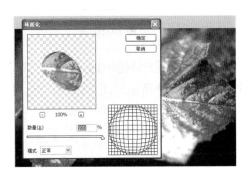

图 10.10.3　　　　　　　　　　　　　图 10.10.4

（6）选择菜单栏中的【滤镜/扭曲/球面化】命令，弹出【球面化】对话框，设置参数后单击【确定】按钮，执行【球面化】命令，如图10.10.4所示。

（7）选择菜单栏中的【滤镜/模糊/高斯模糊】对话框，参数设置如图10.10.5所示，然后单击【确定】按钮。

（8）按Ctrl+D键取消选区。再选择菜单栏中的【滤镜/模糊/高斯模糊】命令，弹出【高斯模糊】对话框，参数设置如图10.10.6所示，然后单击【确定】按钮。

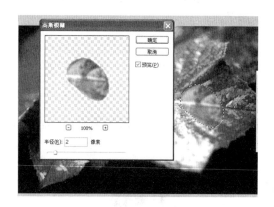 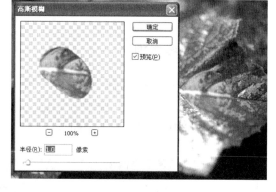

图10.10.5　　　　　　　　　　　　　　　　图10.10.6

（9）选择菜单栏中的【图层/图层样式/混合选项】命令，在弹出的【图层样式】对话框中，设置"投影"和"内阴影"效果，各选项及参数设置如图10.10.7、图10.10.8所示。单击【确定】按钮，添加图层样式。

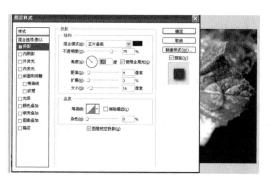 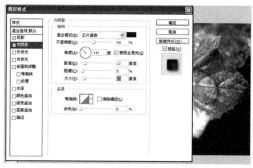

图10.10.7　　　　　　　　　　　　　　　　图10.10.8

（10）利用工具箱中的【钢笔工具】✐和【转换点工具】⟍，在画面中绘制并调整出如图10.10.9所示的闭合路径，然后按Ctrl+Enter键将路径转换为选区，如图10.10.10所示。

图 10.10.9

图 10.10.10

（11）按 Alt + Ctrl + D 键，弹出【羽化选区】对话框，参数设置如图 10.10.11 所示，单击【确定】按钮。

图 10.10.11

图 10.10.12

（12）将工具箱中的前景色设置为浅蓝色（#ebf5fa），然后在"图层"面板中新建"图层 2"。

（13）单击工具箱中的【渐变工具】 ，并在选项栏中的 按钮处单击，在弹出的【渐变编辑器】对话框中选择如图 10.10.12 所示的渐变样式，单击【确定】按钮。

（14）将鼠标光标移动到选区中，由右上方向左下方拖曳鼠标，为选区填充渐变色，效果如图 10.10.13 所示，按 Ctrl + D 键取消选区。

图 10.10.13

图 10.10.14

（15）利用工具箱中的【钢笔工具】 和【转换点工具】 ，在画面中绘制并调整出如图 10.10.14 所示的闭合路径，然后按 Ctrl + Enter 键将路径转换为选区，效果如图 10.10.15 所示。

（16）在【图层】面板中新建"图层 3"，用与步骤（11）~（14）相同的方法，为选区填充渐变色，效果如图 10.10.16 所示。

图 10.10.15

图 10.10.16

（17）在【图层】面板中将"图层 1"设置为当前层，然后按 Ctrl + L 键，弹出【色阶】对话框，参数设置如图 10.10.17 所示。

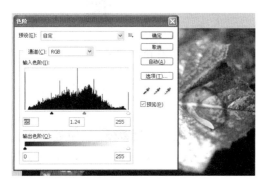
图 10.10.17

图 10.10.18

（18）单击【确定】按钮，调整色阶后的效果如图 10.10.18 所示。

（19）将"图层 1"设置为当前层，然后按 Ctrl + J 键复制出"图层 1 副本"，按 Ctrl + T 键调整其大小、形状和位置。用同样的方法多复制几个水滴图层。

（20）将"图层 1"设置为当前层，然后按 Ctrl + J 键复制出"图层 2 副本"，执行【滤镜/液化】命令，弹出对话框，用【液化工具】对水滴进行变形，如图 10.10.19 所示，得到效果如图 10.10.20 所示。

图 10. 10. 19　　　　　　　　　　图 10. 10. 20

（21）用与步骤（19）、（20）相同的方法多复制几个水滴图层，效果如图 10. 10. 21 所示。

图 10. 10. 21

（22）按 Ctrl + S 键，将此文件另存为 "水滴效果. psd"。

 巩固任务

艺术照片边框制作。

 任务分析

日常生活中常可以看到形式各异的相框效果；滤镜是边框制作最常用的工具，选框不一定非得是矩形，可以选椭圆形或者自己喜欢的各种形状，各项操作的数值可以根据实际情况灵活设置，描边操作居内、居外的效果也很不同，可多用快速蒙版和图层蒙版。

任务实现

1. 彩色半调、碎片、锐化滤镜

图 10.10.22   图 10.10.23

（1）矩形选框（比原图小一些）；快速蒙版（快捷键为 Q 键）。

（2）滤镜/像素化/彩色半调（半径为 20）。

（3）滤镜/像素化/碎片。

（4）滤镜/锐化（5～7 次）。

（5）退出快速蒙版；反选；清除。

（6）描边参数自定，边框效果如图 10.10.22。

2. 碎片、锐化滤镜

（1）打开素材，新建"图层 1"，全选。

（2）描边（半径为 2，居内）。

（3）滤镜/像素化/碎片（4～5 次）。

（4）滤镜/锐化（5～8 次），图层不透明度设为 50%。

（5）合并图层，边框效果如图 10.10.23 所示。

3. 艺术效果/底纹效果、干画笔滤镜

图 10.10.24   图 10.10.25

（1）矩形选框；反选；快速蒙版。

（2）滤镜/艺术效果/底纹效果（参数分别为 40、20、20）。

（3）滤镜/艺术效果/干画笔（参数分别为2、2、3）。

（4）退出快速蒙版；反选；清除。

（5）描边（参数自定）。

（6）用橡皮擦擦除多余边角，边框效果如图10.10.24所示。

4. 扭曲/波浪滤镜

（1）矩形选框；快速蒙版。

（2）滤镜/扭曲/波浪（数值如图10.10.25所示）。

（3）滤镜/像素化/碎片；锐化/锐化边缘。

（4）滤镜/锐化（1~5次）。

（5）滤镜/锐化/锐化边缘。

（6）退出快速蒙版；反选；清除。

（7）反选，描边，边框效果如图10.10.26所示。

图10.10.26

图10.10.27

5. 素描/铬黄渐变、像素化/晶格化、像素化/碎片

（1）矩形选框；反选；快速蒙版。

（2）滤镜/像素化/碎片。

（3）滤镜/像素化/晶格化（单元格大小在10左右）。

（4）滤镜/素描/铬黄渐变。

（5）退出快速蒙版；反选；清除。

（6）描边（参数自定），边框效果如图10.10.27所示。

6. 像素化/彩色半调、扭曲/玻璃

图 10.10.28

图 10.10.29

（1）矩形选框；反选；快速蒙版。

（2）滤镜/像素化/彩色半调（半径在 15 左右），各通道数值为 1。

（3）滤镜/扭曲/玻璃（纹理为小镜头，数值自定）。

（4）退出快速蒙版；反选；清除。

（5）描边（参数自定），边框效果如图 10.10.28 所示。

7. 艺术效果/海报边缘、像素化/碎片

（1）矩形选框；反选；快速蒙版。

（2）滤镜/像素化/碎片。

（3）滤镜/艺术效果/海报边缘。

（4）滤镜/锐化（3～4 次）。

（5）退出快速蒙版；反选；清除。

（6）描边（参数自定），边框效果如图 10.10.29 所示。

8. 素描/铬黄渐变、像素化/彩色半调

图 10.10.30

图 10.10.31

（1）矩形选框；反选；快速蒙版。

（2）滤镜/像素化/彩色半调（半径在 15 左右），各通道数值为 1。

（3）滤镜/素描/铬黄渐变。

（4）滤镜/锐化（4～5 次）。

（5）退出快速蒙版；反选；清除。

（6）描边（参数自定），边框效果如图 10.10.30 所示。

9. 扭曲/玻璃、像素化/碎片、画笔描边/成角的线条

（1）矩形选框；反选；快速蒙版。

（2）滤镜/扭曲/玻璃（小镜头）。

（3）滤镜/像素化/碎片。

（4）滤镜/画笔描边/成角的线条。

（5）退出快速蒙版；反选；清除。

（6）描边（参数自定），边框效果如图 10.10.31 所示。

10. 像素化/马赛克、像素化/晶格化、像素化/碎片、锐化

图 10.10.32

图 10.10.33

（1）矩形选框；快速蒙版。

（2）滤镜/像素化/晶格化。

（3）滤镜/像素化/碎片。

（4）滤镜/像素化/马赛克（单元格大小在 15 左右）。

（5）滤镜/锐化（20 ~ 30 次）。

（6）退出快速蒙版；反选；清除。

（7）描边（参数自定），边框效果如图 10.10.32 所示。

11. 艺术效果/彩色铅笔、画笔描边/阴影线、锐化

（1）矩形选框；反选；快速蒙版。

（2）滤镜/艺术效果/彩色铅笔。

（3）滤镜/画笔描边/阴影线。

（4）滤镜/锐化（4 ~ 5 次）。

（5）退出快速蒙版；描边，边框效果如图 10.10.33 所示。

12. 画笔描边/强化的边缘、像素化/碎片、锐化

图 10.10.34

图 10.10.35

（1）矩形选框；快速蒙版。

（2）滤镜/像素化/碎片（3次）。

（3）滤镜/画笔描边/强化的边缘。

（4）滤镜/锐化（5~6次）。

（5）退出快速蒙版；反选；清除。

（6）描边（参数自定），边框效果如图10.10.34所示。

13. 风格化/浮雕效果、风格化/照亮边缘、像素化、碎片

（1）矩形选框；反选；快速蒙版。

（2）滤镜/风格化/浮雕效果。

（3）滤镜/风格化/照亮边缘。

（4）滤镜/像素化，碎片。

（5）滤镜/锐化（4~5次）。

（6）退出快速蒙版；反选；清除。

（7）描边（参数自定），边框效果如图10.10.35所示。

14. 艺术效果/水彩、像素化/碎片、扭曲/玻璃

图10.10.36　　　　　　　　　　图10.10.37

（1）矩形选框；快速蒙版。

（2）滤镜/艺术效果/水彩（数值默认）。

（3）滤镜/像素化/碎片。

（4）滤镜/扭曲/玻璃（小镜头）。

（5）滤镜/像素化/碎片。

（6）滤镜/锐化（5~6次）。

（7）退出快速蒙版；反选；清除。

（8）描边（参数自定），边框效果如图10.10.36所示。

15. 模糊/径向模糊

（1）矩形选框；快速蒙版。

（2）滤镜/模糊/径向模糊（数量在15左右/旋转）。

（3）滤镜/模糊/径向模糊（数量为50）。

（4）滤镜/锐化。

（5）退出快速蒙版；反选；清除，边框效果如图 10.10.37 所示。

16. 扭曲/挤压、扭曲/旋转扭曲、画笔描边/喷溅、像素化/晶格化、像素化/碎片

图 10.10.38

（1）矩形选框；快速蒙版。

（2）滤镜/像素化/晶格化（单元格大小为 20）。

（3）滤镜/像素化/碎片。

（4）滤镜/画笔描边/喷溅。

（5）滤镜/扭曲/挤压（数量为 100%）。

（6）滤镜/扭曲/旋转扭曲。

（7）退出快速蒙版；反选；清除。

（8）描边（参数自定），边框效果如图 10.10.38 所示。

项目十一　Photoshop CS6 综合实训

 项目描述

本项目引领读者开展 Photoshop CS6 综合实训；指导读者运用 Photoshop CS6 进行电影海报、产品包装、网页界面、鼠绘、平面媒体创意广告等作品的创作。

 任务目标

◆能够合理进行版面的布局和色彩的搭配
◆能够根据主题设计出具有一定水平的"创意"
◆能够综合运用 Photoshop 独立进行广告作品的创作

任务 1　电影海报设计

 任务分析

图层蒙版、色彩调整、路径描边及【加深工具】、【减淡工具】、【画笔工具】、【文字工具】等的综合运用。

 任务实现

（1）打开素材文件"海.jpg"和"云层.jpg"，把"云层.jpg"移动到当前文件中生成"图层1"，添加图层蒙版，使用黑色柔角画笔在图像下方涂抹，显示出海平面和云层图像，并设置"图层1"的图层混合模式为【正片叠底】，不透明度为77%。创建出"曲线1"调整图层，在其面板中调整曲线，适当降低图像整体亮度，参数设置如图 11.1.1 所示。

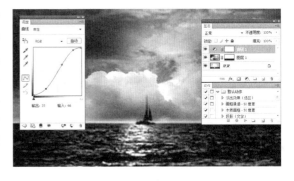

图 11.1.1

图 11.1.2

（2）打开"男.png"文件，移动到当前文件中生成"图层 2"，为"图层 2"添加图层蒙版，使用黑色柔角画笔涂抹融合图像，并设置"图层 2"的图层混合模式为【强光】，不透明度为80%。创建出"色相/饱和度1"调整图层，参数设置如图 11.1.2 所示，按下快捷键 Ctrl + Alt + G 键，将调整效果剪贴到"图层 2"中，调整人物图像色调。

（3）继续创建出"色彩平衡 1"调整图层，分别选择【中间调】、【阴影】和【高光】选项，参数设置如图 11.1.3 所示，赋予图像整体色调。按下 Ctrl + Alt + G 键，将调整效果剪贴到"图层 2"当中，继续调整人物图像色调，统一人物与背景色调。

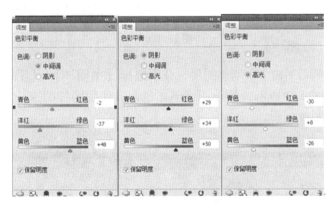

图 11.1.3

（4）创建出"曲线 2"调整图层，在其面板中调整曲线，降低图像对比度，参数设置如图 11.1.4 所示。使用同样的方法将效果剪贴入"图层 2"，进一步调整图像光感，完成人物光感的最后统一。

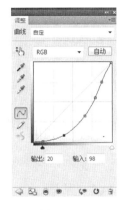

图 11.1.4

图 11.1.5

（5）打开素材"女.png"文件，移动到当前文件"图层3"中，为"图层3"添加图层蒙版，使用黑色柔角画笔涂抹融合图像。按下 Ctrl + J 键，复制出图层副本，执行【滤镜/模糊/高斯模糊】命令，在弹出的对话框中设置模糊半径，参数设置如图 11.1.5 所示，并继续在图层副本中涂抹，恢复人物五官锐化度。

（6）同时选择"图层3"和图层副本，按下 Ctrl + E 键合并图层，生成"图层3"，创建出"色相/饱和度2"调整图层，参数设置如图 11.1.6 所示，使用相同的方法将效果剪贴入"图层3"，初步调整图像色彩。

图 11.1.6

（7）创建出"色彩平衡2"调整图层，分别选择【中间调】、【阴影】和【高光】选项，参数设置如图 11.1.7 所示，赋予图像整体色调，使用同样的方法将效果剪贴入"图层3"，进一步调整图像色彩。

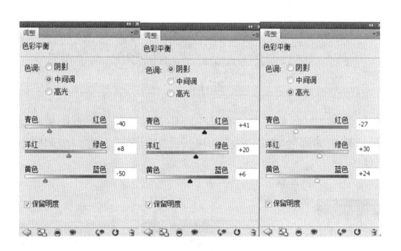

图 11.1.7

（8）创建出"色阶1"调整图层，在其面板使用相同的方法将效果剪贴入"图层3"，完成人物图像光感的最后统一。分别选择3个图层的图层蒙版，使用黑色柔角画笔涂抹人物眼睛，恢复原有色调，参数设置如图 11.1.8 所示。

图 11.1.8

（9）打开素材文件"军舰.jpg"和"帆船.jpg"，分别将素材移动到当前文件中生成"图层4"和"图层5"，设置"图层4"和"图层5"的混合模式分别为【强光】和【柔光】。调整军舰和帆船的大小比例，用【变换/透视】或【变形】命令适当改变形状，增加军舰的气势。分别为"图层4"和"图层5"添加图层蒙版，使用黑色柔角画笔涂抹，将素材融入背景中，添加电影情节元素，如图 11.1.9 所示。

图 11.1.9

（10）打开素材文件"飞机.jpg"，移动到当前文件中生成"图层6"，设置图层混合模式为【强光】。创建出"色彩平衡3"调整图层，参照步骤（7）在其面板中设置参数，并创建图层蒙版，使用黑色画笔在女主角的侧脸处涂抹，去除青色调，让图像色调统一，效果如图 11.1.10 所示。

图 11.1.10

图 11.1.11

（11）新建"图层7"，单击【钢笔工具】 ，绘制路径，再单击【画笔工具】，调整画笔主直径为8像素，并设置为白色柔角画笔。在【路径】面板中单击【用画笔描边路径】 按钮，给路径描边。双击"图层7"缩览图，在弹出的对话框中为图像添加"外发光"图层样式，设置参数和等高线样式，并调整"外发光"颜色为绿色，参数设置如图11.1.11所示。

（12）单击【横排文字工具】 ，输入文字"The Great Escape"，在【字符】面板中设置文字字体和字号，调整文字显示效果。

（13）双击文字层缩览图，在弹出的对话框中为图像添加"投影"和"斜面和浮雕"图层样式，分别设置参数，如图11.1.12所示，为文字添加立体效果。

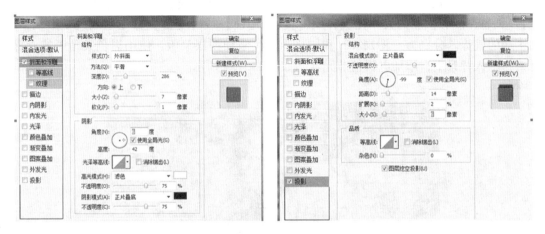

图 11.1.12

（14）调整文字位置，形成如图11.1.13所示的文字效果，传递电影名称和情节信息。

图 11.1.13

（15）创建出"色阶2"调整图层，在其面板中设置参数，整体调整图像色调，统一画面。选择调整图层蒙版，使用黑色柔角画笔涂抹，恢复女演员脸部光感，效果如图 11.1.14 所示。

图 11.1.14

（16）按下快捷键 Ctrl + Shift + Alt + E 键盖印图层，生成"图层8"，执行【滤镜/Digital Anarchy/Knoll Light Factory】命令，进入插件界面，在弹出的对话框中双击左侧的 Asian Fan. lfp 眩光效果，制作出细节光线，如图 11.1.15 所示。至此，完成该特效制作。

图 11.1.15

任务 2　礼品盒包装设计

 任务分析

　　一个包装装潢设计人员，仅仅知道装潢知识是不够的，还要积累多方面的知识，其中包括市场方面的知识。即装潢设计人员要具备两个方面的能力，一是装潢设计本身，二是信息传达能力，也就是装饰能力和表达能力。本任务综合运用多种滤镜、图层样式、图层蒙版、色彩调整、路径描边及【画笔工具】、【加深工具】、【减淡工具】等工具进行礼品盒包装设计。

任务实现

　　(1) 选择【文件/新建】命令，创建宽度为 12 厘米，高度为 10 厘米，分辨率为 150 像素/英寸，背景内容为白色的文件。

　　(2) 新建"图层 1"，设置背景色为黑色，按 Alt + Delete 键填充为黑色。执行【滤镜/渲染/镜头光晕】命令，在弹出的对话框中设置光晕中心位置和镜头类型，给图像添加光晕效果，如图 11.2.1 所示。

图 11.2.1

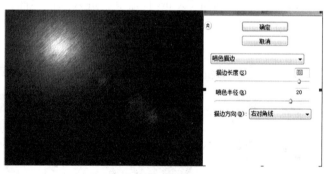

图 11.2.2

　　(3) 执行【滤镜/画笔描边/喷色描边】命令，在弹出的对话框中设置参数，给光晕添加一层细小的笔触，效果如图 11.2.2 所示，继续执行【滤镜/扭曲/波纹】命令，在弹出的对话框中设置参数，让光晕发生适当的变形，效果如图 11.2.3 所示。

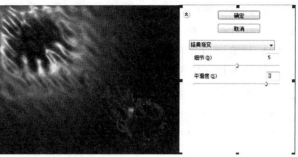

图 11.2.3 图 11.2.4

（4）执行【滤镜/素描/铬黄渐变】命令，在弹出的对话框中设置参数，液化光晕，效果如图 11.2.4 所示。继续执行【滤镜/扭曲/旋转扭曲】命令，在弹出的对话框中设置扭曲角度，制作出液化旋转液体，效果如图 11.2.5 所示。

图 11.2.5 图 11.2.6

（5）按下 Ctrl + B 键，在弹出的对话框中设置参数，赋予图像颜色，制作出液体巧克力，效果如图 11.2.6 所示。

（6）执行【文件/打开】命令，打开素材"丝质.jpg"文件，使用【移动工具】将素材移动到当前文件中，生成"图层 2"，按 Ctrl + T 键调整大小比例，并设置图层混合模式为【柔光】，如图 11.2.7 所示。

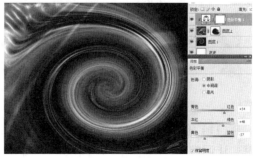

图 11.2.7 图 11.2.8

（7）单击【添加图层蒙版】 按钮为"图层 1"添加蒙版，选择柔角画笔在蒙版图层适当涂抹，显示出液体巧克力图像。单击【创建新的填充或调整图层】 按钮，在弹出的快捷菜单中选择【色彩平衡】命令，在其面板中设置参数，并按下 Ctrl + Alt + G 键，让调整图层只作用于"图层2"，改变丝绸图像色调，如图 11.2.8 所示。

（8）打开素材文件"玫瑰 1. jpg"，用【磁性套索工具】选取玫瑰花并移动到当前文件中生成"图层 3"，按两次 Ctrl + J 键复制出 2 个图层副本，分别调整 3 朵花的大小和位置，合并 3 个图层生成"图层 3"。

（9）点击【创建新的填充或调整图层】 ◑. 按钮创建"色彩平衡 2"调整图层，分别选择【中间调】和【阴影】选项，在其面板中设置各项参数，并按下 Ctrl + Alt + G 键，让调整图层只作用于"图层 3"，调整花朵为金黄色，如图 11.2.9 所示。

图 11.2.9

（10）打开素材文件"褶皱 1. jpg"，移动到当前文件中生成"图层 4"，设置不透明度为 60%，图像旋转 90°；单击【添加图层蒙版】 ◙ 按钮为"图层 4"添加图层蒙版，使用【画笔工具】涂抹隐藏部分褶皱图像，如图 11.2.10 所示。

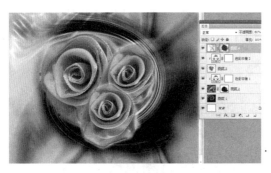

图 11.2.10

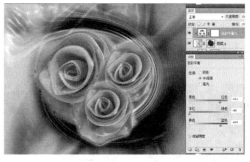

图 11.2.11

（11）创建出"色彩平衡 3"调整图层，在其面板中设置参数，并按下 Ctrl + Alt + G 键，让调整图层只作用于"图层 4"，如图 11.2.11 所示。

（12）打开素材文件 Logo "标志 . png"，移动到当前文件中生成"图层 5"，将其转换成智能对象并适当调整大小和位置，单击图层蒙版中的 *fx*. 按钮，添加"外发光"效果，如图 11.2.12 所示。

图 11.2.12

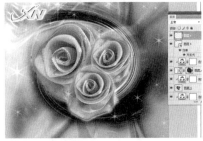

图 11.2.13

（13）新建"图层6"，单击【画笔工具】 ，载入"星光.abr"画笔文件，选择星光笔样式，设置颜色为白色，将画笔调整得大一些，绘制不同大小的星星图像，如图 11.2.13 所示。

（14）选择【钢笔工具】，沿着波纹绘制两条路径，按 F5 键打开【画笔】面板，设置画笔尖形状和形状动态，参数设置如图 11.2.14 所示。打开【路径】面板，点击 ○ 按钮，绘制出两条"星光带"，效果如图 11.2.15 所示。按下 Ctrl + Shift + Alt + E 键盖印图层，生成"图层7"，完成包装平面部分的制作。

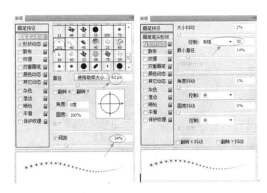

图 11.2.14

图 11.2.15

（15）打开素材文件"褶皱2.jpg"，创建出"色彩平衡1"调整图层，在其面板中设置参数。使用【移动工具】将"产品包装状.psd"文件中的"图层7"移动到当前文件中生成"图层1"，按下 Ctrl + T 键适当变形图像，如图 11.2.16 所示。

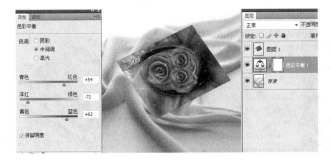

图 11.2.16

（16）新建"图层2"，使用【多边形套索工具】沿图像边缘绘制选区，填充选区为褐色（#3c1313）。使用相同的方法继续绘制出盒状包装的另一侧，填充为深褐色（#1c0505）。适当放大图像，继续使用【多边形套索工具】绘制出包装盒棱角处的选区，如图11.2.17所示。

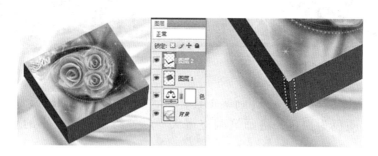

图11.2.17

（17）执行【滤镜/模糊/高斯模糊】命令，在弹出的对话框中设置参数如图11.2.18所示。新建"图层3"，置于"图层2"下方，仔细勾勒出如图11.2.19所示的选区，填充选区为褐色（#26140d），绘制出礼盒的大体外轮廓，效果如图11.2.19所示。

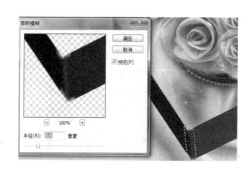

图11.2.18

图11.2.19

（18）设置"图层2"为当前图层，单击【减淡工具】，设置画笔为尖角样式，在"图层2"和"图层3"交界处涂抹，让盒子具有质感。新建"图层4"，使用【多边形套索工具】沿图像边缘绘制选区，填充选区为褐色（#3c1313）。执行【图层/图层样式/图案叠加】命令，参数设置如图11.2.20所示。

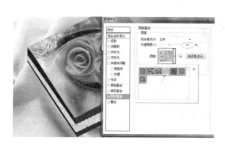

图11.2.20

图11.2.21

（19）新建"图层5"，置于"图层3"下方，单击【画笔工具】 ，设置画笔样式为柔角，颜色为黑色，绘制阴影。载入"图层5"选区，按下 Shift + F6 键羽化选区，设置羽化半径为20，并调整不透明度为82%，让图像阴影更具真实感，如图 11.2.21 所示。

（20）打开素材文件"丝带.png"，移动到当前文件中生成"图层6"，按 Ctrl + U 键调整色相/饱和度，如图 11.2.22 所示，选择【编辑/变换/变形】进行变形，让丝带边缘贴合包装盒边缘，为包装盒添加装饰元素。复制出图层副本，设置图层混合模式为【滤色】，不透明度为27%，减淡丝带颜色，如图 11.2.23 所示。

图 11.2.22

图 11.2.23

（21）打开素材文件"玫瑰2.png"，移动到当前文件中生成"图层7"，适当调整图像位置。点击【图层】面板的图层蒙版按钮为图层添加蒙版，选择柔角画笔在玫瑰花边缘涂抹，让玫瑰花边缘溶入画面，如图 11.2.24 所示。双击"图层7"的缩览图，打开【图层样式】对话框，设置"投影"效果，如图 11.2.25 所示。

图 11.2.24

图 11.2.25

图 11.2.26

（22）按下 Ctrl + B 键，在弹出的对话框中设置参数，调整玫瑰图像颜色。创建出"曲线1"调整图层，在其面板中调整曲线，整体加强图像对比度，协调整个画面质感。将文件以"礼盒包装.psd"保存。至此，完成该特效的制作，效果如图 11.2.26 所示。

任务 3　卷页效果的制作

 任务分析

本任务利用选区、路径及【渐变工具】来绘制卷页效果，然后利用剪贴蒙版命令将海报画面与卷页效果合并，完成卷页效果的制作。

 任务实现

（1）按 Ctrl + N 键，在弹出的【新建】对话框中创建宽度为 15 厘米，高度为 20 厘米，分辨率为 150 像素/英寸，颜色模式为 RGB，背景内容为白色的文件。

（2）选择工具箱中的【矩形工具】▣，选择选项栏中的 路径 选项，在画面中绘制出如图 11.3.1 所示的矩形路径。

（3）选择工具箱中的【添加锚点工具】，在矩形路径上，依次单击鼠标左键添加锚点，如图 11.3.2 所示。

（4）选择工具箱中的【直接选择工具】，依次对路径中下方和右侧两个锚点的位置进行调整，调整后的路径形态如图 11.3.3 所示。

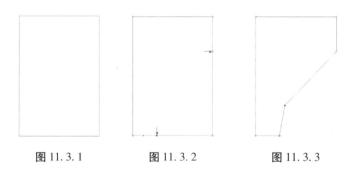

图 11.3.1　　　　　图 11.3.2　　　　　图 11.3.3

（5）选择工具箱中的【转换点工具】，依次对路径中的锚点进行调整，调整后的路径形态如图 11.3.4 所示，然后按 Ctrl + Enter 键将路径转换成选区。

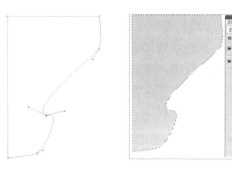

图 11.3.4　　　　　　　　　　图 11.3.5

（6）在【图层】面板中新建"图层 1"，将工具箱中的前景色设置为土黄色（#dcb 496），背景色设置为黄灰色（#fodcc 8）。

（7）选择工具箱中的【渐变工具】 ，在选区中由左上方向右下方拖曳鼠标光标，填充从前景色到背景色的渐变颜色，效果如图 11.3.5 所示，然后按 Ctrl + D 键取消选区。

（8）选择工具箱中的【多边形套索工具】 ，在画布中绘制出如图 11.3.6 所示的选区。

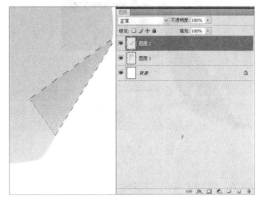

图 11.3.6　　　　　　　　　　　　图 11.3.7

（9）在【图层】面板中新建"图层 2"，并将其调整至"图层 1"的下方，然后将工具箱中的前景色设置为褐色（#a08264），并将其背景色设置为浅灰色（#faf0f0）。

（10）用与步骤（7）相同的方法，为"图层 2"中的选区填充从前景色到背景色的渐变颜色，填充后画面效果如图 11.3.7 所示，按 Ctrl + D 键取消选区。

（11）利用工具箱中的【加深工具】 和【减淡工具】 ，涂抹出卷页的阴影和高光区域，效果如图 11.3.8 所示。

图 11.3.8　　　　　　　图 11.3.9　　　　　　　图 11.3.10

（12）利用工具箱中的【钢笔工具】 和【转换点工具】 ，在画面中绘制并调整出如图 11.3.9 所示的闭合路径，按 Ctrl + Enter 键将路径转换为选区。

（13）在"图层"面板中新建"图层 3"，并将其调整至"图层 1"的下方，然后将工具箱中的前景色设置为黑色。按 Alt + Delete 键为"图层 3"中的选区填充前景色，画面效果如图 11.3.10 所示，按 Ctrl + D 键取消选区。

（14）选择菜单栏中的【滤镜/模糊/高斯模糊】命令，弹出【高斯模糊】对话框，参数设置如图 11.3.11 所示,单击【确定】按钮。

(15) 在【图层】面板中将"图层 3"的不透明度设置为 45%, 降低不透明度后的画面效果如图 11.3.12 所示。

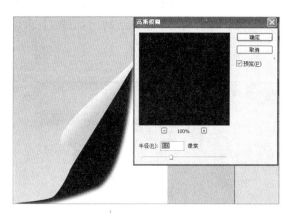 

图 11.3.11   图 11.3.12

(16) 按 Ctrl + O 键打开" PS. jpg"的图片。选择工具箱中的【移动工具】 ▶⊕,将打开的图片拖至"未标题 – 1"文件中,同时生成"图层 4",将其调整至"图层 1"的上方,如图 11.3.13 所示。

 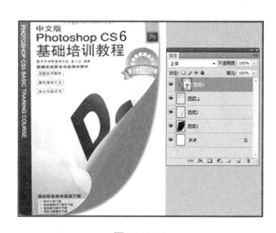

图 11.3.13   图 11.3.14

(17) 选择菜单栏中的【图层/创建剪贴蒙版】命令,生成的画面效果如图 11.3.14 所示。

(18) 按 Ctrl + T 键为"图层 4"中的内容执行自由变形操作,按住 Ctrl 键,将鼠标光标移动到变形框右下角的控制点上,按下鼠标左键拖曳,将其调整至如图 11.3.15 所示的形态。

(19) 按 Enter 键确认图形的变形操作,按住 Ctrl 键,单击"图层 1"的缩览图,为其添加选区,如图 11.3.16 所示。

图 11.3.15　　　　　　　　　　　　　　图 11.3.16

（20）在【图层】面板中新建"图层5"，然后将工具箱中的前景色设置为白色。

（21）选择菜单栏中的【编辑/描边】命令，弹出【描边】对话框，参数设置如图 11.3.17 所示，单击【确定】按钮。

 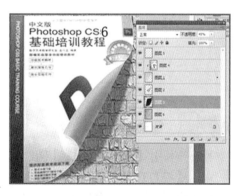

图 11.3.17　　　　　　　　　　　　　　图 11.3.18

（22）按 Ctrl + O 键打开"砖.jpg"的图片。选择工具箱中的【移动工具】 ，将打开的图片拖至"未标题 – 1"文件中，同时生成"图层6"，然后将其调整至"图层3"的下方，此时的画面效果如图 11.3.18 所示。

（23）将"图层5"设置为当前图层，单击工具箱中的【橡皮擦工具】 ，将照片左侧和上方的白边擦除。选择菜单栏中的【滤镜/模糊/高斯模糊】命令，弹出【高斯模糊】对话框，设置半径为 0.6，单击【确定】按钮，执行【高斯模糊】命令后的画面效果如图 11.3.19 所示。

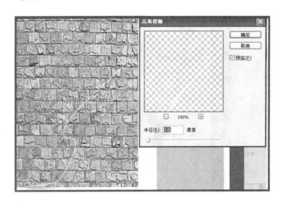
图 11.3.19

图 11.3.20

（24）在【图层】面板中将"图层3"设置为当前层，然后单击【图层】面板底部的【添加图层蒙版】 ◙ 按钮，为"图层3"添加图层蒙版。将工具箱中的前景色设置为白色，单击工具箱中的【渐变工具】 ▨ ，设置选项栏中的不透明度为50%，渐变样式为前景到透明，渐变类型为线性渐变。

（25）将鼠标光标移动到黑色阴影上，由左上方向右下方拖曳鼠标，进行蒙版编辑，编辑蒙版后的阴影效果如图11.3.20所示。

（26）按 Ctrl + S 键，将此文件命名为"卷页效果. psd"并保存。

任务4　飞鼠绘制

📖 任务分析

本任务利用【画笔工具】、【椭圆选框工具】和【渐变工具】绘制出鼠标，利用【钢笔工具】、【染色玻璃】滤镜及蒙版制作出翅膀效果，通过色相/饱和度的设置改变鼠标颜色，通过裁剪区域的变化制作有透视感的背景，使用【文字蒙版工具】输入文字，设置渐变并添加"斜面和浮雕"效果。

🎨 任务实现

（1）按 Ctrl + N 键，在弹出的【新建】对话框中创建宽度为15厘米，高度为20厘米，分辨率为150像素/英寸，颜色模式为RGB，背景内容为白色的新文件。

（2）选择【视图/标尺】命令，在视图窗口中显示标尺。新建"图层1"，选择【椭圆选框工具】 画出椭圆；打开【渐变编辑器】，参数设置如图11.4.1所示，渐变样式设置为【径向渐变】 ，效果如图11.4.2所示。

图 11.4.1　　　　　　　　　　　　　图 11.4.2

（3）通过设置 3 条参考线，确定鼠标的中心位置，选择【椭圆选框工具】画出椭圆，效果如图 11.4.3 所示。

图 11.4.3　　　　　　　　　　　　图 11.4.4

（4）在其上方再画一个椭圆，单击【图层】面板上方的【锁定透明像素】▣按钮，将选区内填充黑色，效果如图 11.4.4 所示。

（5）按小键盘上的向上箭头两次，将选区上移两个像素，选择【径向渐变】▣，设置前景色为白色，背景色为蓝色（#2369aa），在选区内填充渐变，效果如图 11.4.5 所示。

图 11.4.5　　　　　　　　　　　　图 11.4.6

（6）选择【画笔工具】，设置画笔大小为 5，在鼠标的中心位置画出一直线，效果如

图11.4.6 所示。

（7）选择【椭圆选框工具】 ○，画出一个椭圆，选择【渐变工具】 ▣，设置渐变色由白到黑，渐变模式为【叠加】，效果如图11.4.7 所示。

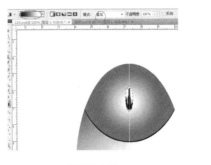

图11.4.7　　　　　　　　　　　　　图11.4.8

（8）将前景色设置为蓝色（#2369aa），选择【画笔工具】 ✎，设置大小为15，画一直线，再将画笔调小，颜色设置为白色，再画一短线作为高光，效果如图11.4.8 所示。

（9）按住 Ctrl 键，单击"图层1"，载入"图层1"的选区。选择【椭圆选框工具】 ○，在工具选项栏中选择【从选区减去】 ▣ 按钮，设置羽化值为15，在鼠标上面画圆，如图11.4.9 所示。

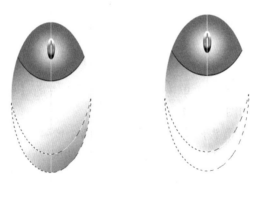

图11.4.9　　　　　　　　　　　图11.4.10

（10）新建"图层2"，填充为白色，如图11.4.10 所示。

（11）在【图层】面板中将不透明度调整为75%，效果如图11.4.11 所示。

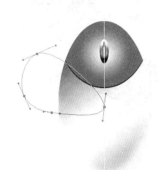

图 11.4.11　　　　　　　　　　　图 11.4.12

（12）选择【钢笔工具】，画出翅膀形状，如图 11.4.12 所示。

（13）单击【路径】面板下方的【将路径作为选区载入】 按钮，将路径转换为选区，新建"图层 3"，选择【渐变工具】 ，设置前景色为蓝色（#2369aa），背景色为白色，填充渐变，如图 11.4.13 所示。

图 11.4.13　　　　　　　　　　　图 11.4.14

（14）复制"图层 2"，选择【滤镜/纹理/染色玻璃】命令，打开【染色玻璃】对话框，如图 11.4.14 所示。

（15）在【图层】面板中，调整"图层 3 副本"的不透明度为 50%。单击【图层】面板右下角的 按钮，选择向下合并图层，将"图层 3 副本"与"图层 3"合并，单击【图层】面板下方的【添加图层蒙版】按钮，添加蒙版，选择【渐变工具】，设置前景色为黑色，背景色为白色，填充从前景色到背景色的渐变色，效果如图 11.4.15 所示。

图 11.4.15   图 11.4.16

（16）复制"图层 3"，选择【编辑/变换/水平翻转】命令，选择【移动工具】，按住 Shift 键向右做水平移动，效果如图 11.4.16 所示。

（17）按"背景"图层前的小眼睛图标，隐藏"背景"图层，按 Ctrl + Shift + E 键合并可见图层，生成"图层 1"。

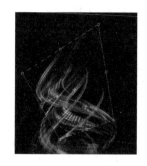

图 11.4.17   图 11.4.18

（18）打开素材图片"发射光线效果 . jpg"，将其复制粘贴至主图中，适当调整素材的色阶，如图 11.4.17 所示。

（19）打开素材图片"光效 . jpg"素材图片，选择【裁剪工具】，画出一矩形，在工具选项栏上选择【透视】单选框，对裁剪区域进行变形，按 Enter 键完成裁剪，形成的效果如图 11.4.18 所示。

（20）将裁切后的素材图片复制粘贴至主图中，生成"图层 3"，在【图层】面板中，设置"图层 3"的图层混合模式为【颜色减淡】，效果如图 11.4.19 所示。

图 11.4.19   图 11.4.20

（21）按 Ctrl + T 键将图像旋转并复制，选择【图像/调整/色相/饱和度】命令，打开【色相/饱和度】对话框，参数设置如图 11.4.20 所示。

（22）设置前景色为黑色，选择【横排文字蒙版工具】 ，输入文字"我想要飞翔"，字体为宋体，字号大小为 60 点。新建图层，选择【线性渐变】，给文字设置渐变色（红、绿、蓝），如图 11.4.21 所示。

图 11.4.21

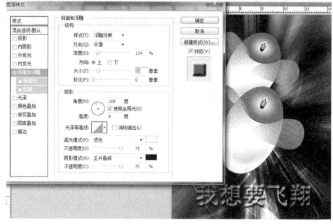

图 11.4.22

（23）单击【图层】面板下方的 **fx.** 按钮，打开【图层样式】对话框，添加"斜面和浮雕"效果，参数设置如图 11.4.22 所示。

（24）按 Ctrl + S 键保存文档，文件命名为"会飞的鼠标.psd"，效果如图 11.4.23 所示。

图 11.4.23

任务 5 沐浴露广告设计

 任务分析

本任务运用选区路径，图层混合模式、图层样式、图层蒙版、剪贴蒙版、滤镜、颜色调整、色彩的搭配、版面编排及【画笔工具】、【文字工具】，制作出淡雅简洁的沐浴露广告效果。

 任务实现

（1）执行【文件/新建】命令，新建宽度为 14 厘米，高度为 10 厘米，分辨率为 150 像素/英寸，背景内容为白色的文件。将图像背景填充为蓝色（#0laac9）。新建"图层 1"，单击【钢笔工具】，绘制出叶片的路径，按 Ctrl + Enter 键将路径转换为选区，填充选区为紫蓝色（#2ca2c8），如图 11.5.1 所示。

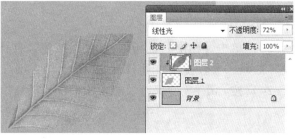

图 11.5.1 图 11.5.2

（2）打开素材文件"树叶. png"，把素材拖入新建的文件中，生成"图层 2"。按住 Alt 键不放，把光标移到"图层 1"和"图层 2"的缩览图之间，当出现 光标时单击产生剪贴蒙版，选择"树叶"图层，按 Ctrl + T 键变换调整树叶的大小比例和位置，效果如图 11.5.2 所示。

（3）打开【路径】面板，选中前面绘制的路径，复制一个副本并调整大小比例、方向和位置，再用与步骤（2）相同的方法完成小叶子的制作，效果如图 11.5.3 所示。

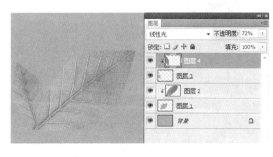

图 11.5.3 图 11.5.4

（4）点击"背景"图层前的眼睛图标，隐藏"背景"图层，按 Ctrl + Shift + E 键合并可见图层，生成"图层 1"，载入"图层 1"选区，按 Shift + F6 键羽化选区，在弹出的对话框中设置羽化半径为 25，并按下 Ctrl + Shift + I 键反选选区，按 Delete 键两次，删除羽化后的部分图像，制作出朦胧效果。使用【减淡工具】在图像叶片边缘涂抹，增加叶子的光感，如图 11.5.4 所示。

（5）打开素材文件"水滴.png"，把水滴拖入文档中生成图层，用【套索工具】把水滴分散，按不同的位置摆放并适当调整大小和方向，设置图层混合模式为【叠加】，效果如图 11.5.5 所示。

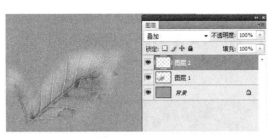

图 11.5.5　　　　　　　　　　　　　　　图 11.5.6

（6）新建"图层 3"，设置前景色为白色，单击【渐变工具】，在选项栏中选择【径向渐变】，在图像中从右上角往左下角拖动，绘制出从前景色到透明的渐变，如图 11.5.6 所示。

（7）单击【创建新的填充或调整图层】按钮，在弹出的快捷菜单中选择【曲线】命令，在其面板中调整曲线，加强图像对比度，如图 11.5.7 所示。

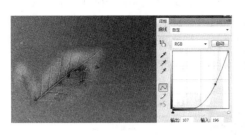

图 11.5.7　　　　　　　　　　　　　　　图 11.5.8

（8）打开素材文件"沐浴露.png"，移动到当前文件中生成"图层 4"，打开【图层】面板，单击【添加图层蒙版】按钮，为图层添加蒙版，使用黑色柔角画笔在瓶子底下涂抹；双击"图层 4"缩览图，在弹出的对话框中为图像添加"外发光"图层样式，设置外发光颜色为浅绿色（#79e0d5），如图 11.5.8 所示。

（9）按 Ctrl + Shift + Alt + E 键盖印图层，生成"图层 5"。选择【滤镜/扭曲/玻璃】命令，打开【滤镜】面板，设置参数纹理选项并载入"水泡.psd"，如图 11.5.9 所示。

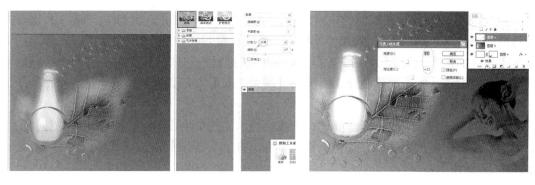

图 11.5.9   图 11.5.10

（10）打开素材文件"女人.jpg"，移动到当前文件中生成"图层6"，按 Ctrl + T 键调整图像大小，设置图层混合模式为【正片叠底】。选择【图像/调整/亮度/对比度】命令，参数设置与效果如图 11.5.10 所示。

图 11.5.11   图 11.5.12

（11）新建"图层7"，使用【椭圆选框工具】制作月牙选区，填充为浅绿色（#649769），再用【自定形状工具】绘制草的形状，填充为浅绿色（#649769），完成如图 11.5.11 所示的标志，设置图层的不透明度为50%，如图 11.5.12 所示。

（12）单击【横排文字工具】 T，输入文字"爽"，字体为华文宋体，字号大小为60点，颜色为白色，并设置为变形字体，如图 11.5.13 所示，设置图层的不透明度为36%。

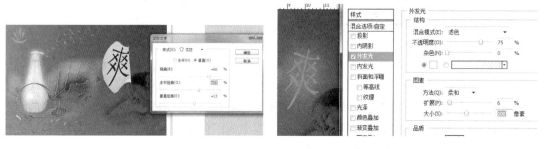

图 11.5.13   图 11.5.14

（13）选择【图层/图层样式/外发光】命令，参数设置如图 11.5.14 所示，按 Ctrl + S 键保存文件，文件命名为"沐浴露.psd"。至此，完成该特效的制作，如图 11.5.15 所示。

图 11.5.15

任务 6　生命孕育创意设计

 任务分析

本任务综合运用路径、选区、蒙版、图层样式、色彩调整、滤镜进行生命孕育创意设计。

 任务实现

（1）新建一个大小为 500 像素 × 500 像素，分辨率为 150 像素/英寸，颜色模式为 RGB 的图像文件；新建"图层 1"，用【椭圆工具】画一个椭圆路径，并用【直接选择工具】对椭圆的路径加以调整，如图 11.6.1 所示。

图 11.6.1　　　　　　　　　　　　图 11.6.2

（2）按 Ctrl + Enter 键把路径转换为选区，用 10% 的灰色填充选区。不要取消选区，再新建一个"图层 2"，选择【渐变工具】，将渐变填色的颜色参数设置为深灰色（#695a5a）—白色（#f5f5f5）—浅灰（#f0f0f0）过渡，如图 11.6.2 所示，并用【渐变工具】拖拉，将选区填充为如图 11.6.3 所示的图形，并且不要取消选区。

图 11.6.3　　　　　　　　　　　　　　　图 11.6.4

（3）用【椭圆选框工具】，按住 Alt 键减去椭圆左上部分的选区，如图 11.6.4 所示。然后执行【选择/修改/羽化】命令，羽化 8 个像素，再按 Ctrl + M 键调出【曲线】对话框，将羽化的选区部分的颜色调亮一点，如图 11.6.5 所示。

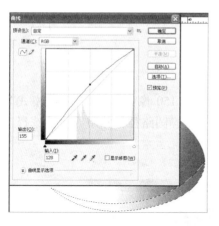　　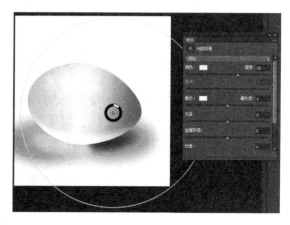

图 11.6.5　　　　　　　　　　　　　　　图 11.6.6

（4）复制该图层生成"图层 2 副本"，置于最上层，选择【菜单/滤镜/杂色/添加杂色】，数量设置为 30，再选择【菜单/滤镜/渲染/光照效果】，如图 11.6.6 所示，效果如图 11.6.7 所示。

图 11.6.7

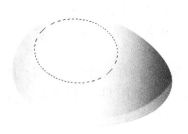

图 11.6.8

（5）回到"图层 2"，用【椭圆选框工具】将蛋的左上部分框选出来，再按 Ctrl +
Alt + D 键做羽化处理，羽化 20 个像素，重复一次羽化，如图 11.6.8 所示，按 Ctrl + M 键
将选中的羽化后的部分调亮一点，效果如图 11.6.9 所示。

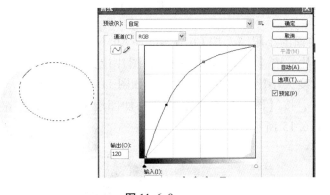

图 11.6.9

图 11.6.10

（6）用【钢笔工具】将蛋壳敲碎的部分勾勒出来。碎片的边缘不会很圆滑，所以也
不要勾得太圆滑。勾好后把路径转换成选区，将"图层 2"和"图层 2 副本"中被选中的
部分删除，如图 11.6.10 所示。

（7）再次复制"图层 2"生成"图层 2 副本 1"，用键盘的方向键将此图层上移一个
像素，再左移一个像素，按住 Ctrl 键点选"图层 2"，将"图层 2 副本 1"中被选中的部分
删除，再按 Ctrl + M 键将此图层调节到发白，效果如图 11.6.11 所示。

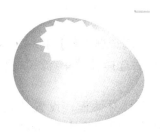

图 11.6.11

图 11.6.12

（8）在"图层2"上面新建一个"图层3"，用【画笔工具】将蛋壳碎片边缘的裂缝画出来，画的时候将画笔的大小设置为1像素，所用颜色可以是深灰色，效果如图11.6.12所示。

（9）现在做蛋壳内部的暗面。回到"图层1"，按住Ctrl键点选"图层1"，再用【加深工具】涂抹，效果如图11.6.13所示。

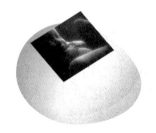

图11.6.13　　　　　　　　图11.6.14

（10）关闭"背景"图层前面的小眼睛，按Ctrl+Shift+Alt+E键盖印图层，生成新的"图层4"；打开婴儿素材图片，按【移动工具】把素材图片拉到文档中，生成"图层5"，按Ctrl+T键变换图片，改变大小比例、方向、位置，如图11.6.14所示。

（11）载入破壳部分的选区，按【图层】面板中的【添加图层蒙版】[图标]按钮，把婴儿载入蛋壳之中，效果如图11.6.15所示。

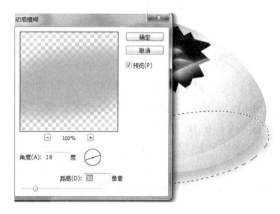

图11.6.15　　　　　　　　图11.6.16

（12）在"背景"图层上新建一个层，用【椭圆选框工具】拉一个椭圆，羽化值设置为15，用灰色填充，效果如图11.6.16所示，然后选择【菜单/滤镜/模糊/动感模糊】命令，角度适中。

（13）双击图层的缩览图，弹出【图层样式】对话框，设置"投影"样式，如图11.6.17所示。再用【加深工具】对蛋壳的底部阴影的衔接处不协调的地方做加深或减淡的自然过渡处理。

图 11.6.17

任务 7 苹果屋合成创意

 任务分析

本任务通过对苹果图形进行加工合成，赋予苹果神奇特效，并为合成图像添加一些相关的图像元素，以烘托出诗情画意的意境。综合运用了路径、图层样式、色彩调整、剪贴蒙版、图层蒙版和滤镜等工具。

 任务实现

（1）执行【文件/新建】命令，创建大小为 15 厘米×15 厘米，分辨率为 150 像素/英寸，背景内容为白色的文件。单击【渐变工具】 ，设置渐变颜色为灰蓝色（#416d88）到深灰蓝色（#041727），单击【径向渐变】 按钮，从左上至右下绘制渐变，如图 11.7.1 所示。

图 11.7.1

（2）新建"图层组1"，重命名为"苹果"，在该图层组中新建"图层1"，单击【钢笔工具】，绘制如图11.7.2所示的苹果路径，按Ctrl + Enter键把路径转换为选区，填充选区为白色，如图11.7.2所示。打开素材文件"苹果.jpg"，移动到当前文件中生成"图层2"，按Ctrl + Alt + G键将苹果图像剪贴入"图层1"中，如图11.7.3所示。

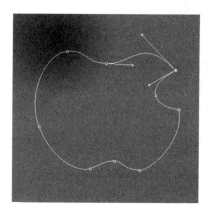 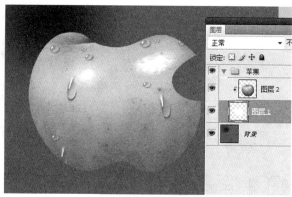

图11.7.2   图11.7.3

（3）创建出"色相/饱和度1"调整图层，在其面板中设置参数，并勾选【着色】复选框，赋予图像绿色调，如图11.7.4所示。创建出"色相/饱和度2"调整图层，设置参数后选择蒙版，适当涂抹，让苹果呈黄色调。将调整图层剪贴到"图层1"中，仅对苹果图像进行调整，如图11.7.5所示。

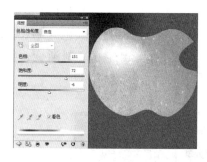 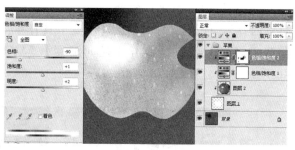

图11.7.4   图11.7.5

（4）继续创建出"色相/饱和度3"和"照片滤镜1"调整图层，在其面板中设置参数，适当调整画笔的不透明度和流量，分别在调整图层蒙版中进行涂抹，让苹果图像光影效果更明显。将调整图层剪贴到"图层1"中，仅对苹果图像进行调整，如图11.7.6所示。

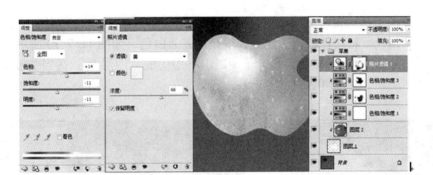

图 11.7.6

（5）继续创建出"曲线 1"调整图层，在其面板中调整曲线，然后在其蒙版中适当涂抹，还原部分光影。将调整图层剪贴到"图层 2"中，仅对苹果图像进行调整。隐藏"背景"图层后，按下 Ctrl + Shift + Alt + E 键盖印图层，生成"图层 3"，如图 11.7.7 所示，设置图层混合模式为【正片叠底】，不透明度为 60%。

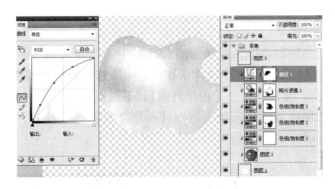

图 11.7.7

（6）继续创建出"曲线 2"调整图层，在其面板中调整曲线，适当涂抹蒙版还原苹果部分光影，并将调整图层剪贴到"图层 3"中，仅对苹果图像进行调整，如图 11.7.8 所示。复制出"苹果副本图层组"，右击图层组，在弹出的快捷菜单中选择【合并组】命令，生成"苹果副本图层"，设置不透明度为 50%，执行【编辑/变换/垂直翻转】命令，翻转苹果并顺着光源方向做适当的扭曲，添加图层蒙版，适当涂抹，隐藏部分图像，制作出倒影效果，如图 11.7.9 所示。

图 11.7.8

图 11.7.9

（7）新建图层组，重命名为"叶子.psd"，在该图层组中新建"图层4"，使用【钢笔工具】绘制路径，将路径转换为选区，填充选区为白色，如图11.7.10所示。打开素材文件"叶子.jpg"，将素材移动到"叶子图层组"中生成"图层5"，适当变形和调整大小后剪贴到"图层4"中，如图11.7.11所示。

图11.7.10　　　　　　　　　　　　　图11.7.11

（8）双击"图层5"缩览图，在弹出的对话框中为图像添加"斜面和浮雕"图层样式，参数设置如图11.7.12所示，让树叶具有一定立体感。复制出副本图层，同样剪贴到"图层4"中，设置图层混合模式为【正片叠底】，不透明度为60%。删除"斜面和浮雕"图层样式，为副本图层添加图层蒙版，使用【画笔工具】适当涂抹，让树叶更具立体效果，如图11.7.13所示。

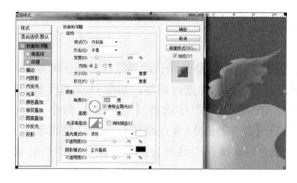
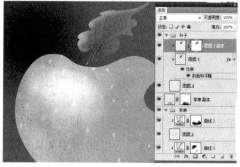

图11.7.12　　　　　　　　　　　　　图11.7.13

（9）创建出"曲线3"调整图层，在其面板中调整曲线，加强图像对比度，设置不透明度为75%，将其剪贴到叶子图像中。选择调整图层蒙版，使用【画笔工具】适当涂抹，还原过深颜色，让树叶的绿色真实饱满，如图11.7.14所示。

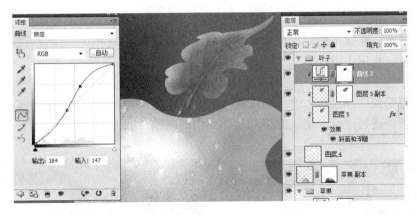

图 11.7.14

（10）在"叶子图层组"中新建"图层 6"，使用【钢笔工具】绘制如图 11.7.15 所示的路径。设置画笔样式为尖角，大小为 9 像素，颜色为绿色（# 9dc088），在【路径】面板中单击【用画笔描边路径】 ⬭ 按钮，描边路径，选择【模拟压力】。在"叶子图层组"中新建"图层 7"，绘制路径，使用相同的方法描边路径，设置图层混合模式为【柔光】，强调出清晰的树叶边缘，如图 11.7.16 所示。

图 11.7.15　　　　　　　　　　　　　　　　图 11.7.16

（11）复制出"叶子副本图层组"，右击图层组，在弹出的快捷菜单中选择【合并组】命令，生成"叶子副本图层"，双击图层缩览图，在弹出的对话框中为图像添加"投影"图层样式，设置参数，制作出如图 11.7.17 所示的投影效果。

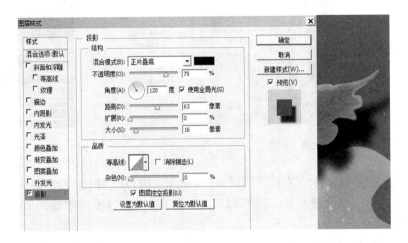

图 11.7.17

（12）打开素材文件"素材窗.jpg"，把窗框取出并移动到当前文件中生成"图层8"，双击图层缩览图，在弹出的对话框中为图像添加"投影"图层样式，设置参数，调整投影颜色为浅绿色（#3dab3d）。

（13）创建出"曲线4"调整图层，在其面板中分别调整RGB和绿模式下的曲线，并将调整图层剪贴到"图层8"中，调整窗格图像的亮度和对比度，使整体色调统一。选择调整图层蒙版，适当涂抹，统一窗格和整体图像的光感，如图11.7.18所示。

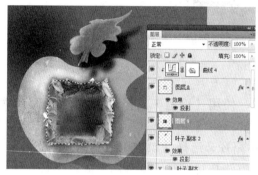 

图 11.7.18   图 11.7.19

（14）新建"图层9"，单击【磁性套索工具】，沿窗格边缘绘制选区，填充选区为绿色（#0c2f06），置于"图层8"下方。使用【加深工具】和【减淡工具】在图像中涂抹，让窗格内显示出空间感，如图11.7.19所示。

（15）打开素材文件"小女孩.jpg"，用【磁性套索工具】套出小女孩并移动到当前文件中生成"图层10"，调整大小并放到适当的位置，添加图层蒙版，用柔角画笔涂抹女孩边缘，让小女孩融入窗格画面。创建出"曲线5"调整图层，调整小女孩的亮度和对比度，并将调整图层剪贴到"图层10"中，使整体色调统一。选择调整图层蒙版，适当涂抹小女孩的脸部，突出感光部分，如图11.7.20所示。

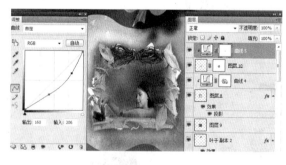 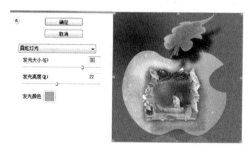

图 11.7.20   图 11.7.21

（16）复制出副本图层，置于"图层10"下方，执行【滤镜/艺术效果/霓虹光】命令，在弹出的对话框中设置参数，如图11.7.21所示，并设置不透明度为73%，让小女孩的色调整体融合。

（17）打开素材文件"苹果树.jpg"，移动到当前文件中生成"图层11"，添加图层蒙版后使用柔角画笔在蒙版上用不同的透明度涂抹出夜色朦胧的景象，如图 11.7.22 所示。

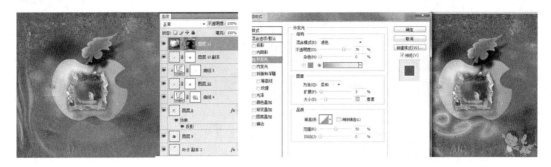

图 11.7.22   图 11.7.23

（18）打开素材文件"卡通人物.png"，移动到图像的右下角，生成"图层 12"，设置图层的不透明度为 50%，新建"图层 13"，使用【钢笔工具】绘制路径，设置画笔为

尖角，大小为 5 像素，颜色为白色，描边路径；双击图层缩览图，为线条添加"外发光"效果，设置参数并调整外发光颜色为紫色（#d068dc），绘制出紫色发光线，如图 11.7.23 所示。

（19）新建"图层 14"，选择【画笔工具】，按 F5 键弹出【画笔】面板，设置画笔的形状为星光，颜色为白色，适当设置形状动态和散布参数，绘出满天星星的效果，如图 11.7.24 所示。

图 11.7.24